全国高等院校艺术设计基础教育创新教材

CITY ART DESIGN
城市艺术设计

陈高明 著

江苏科学技术出版社

总 序

近 20 年来，中国的高等艺术教育迅猛地发展，招生规模之大，开办院校之多，在世界范围内实属罕见。面对此状，我们的艺术设计教育工作者理应冷静地思索与反省，教育工作是一种凭借良心的神圣职业，担负着人才培养的社会使命，教育本身也是一门传授知识的艺术。然而如果教学上培养目标迷失、方向错位或教学内容滞后，也会误人子弟甚至危害社会。2012 年，中国的高等教育把艺术列为一大门类，同时将设计学、美术学设为一级学科，随后又进行了专业目录的调整。这些人为的因素，其中的利弊我们必须加以分辨。教育是一门科学，如果教育工作者没有批判的精神，就等于没有灵魂，如此怎能培养出人格健全、适应社会、具有创造与开拓能力的人才呢?

艺术设计包括两个方面：感性与理性。因此艺术设计必须具有艺术家的感性思维，活跃、灵动、自由的创造性，同时又必须具备工程师般较为严肃的态度与理性思考。可以说，设计是科学的艺术。当然，这里涉及的内容很多，仍需我们的教育工作者进行深入研究。

当代科技的高速发展，不断改变着人类的生活，必然也影响着艺术设计的观点。传统的艺术设计教育从内容到形式在很多方面都暴露出一定的局限性，面对生态不断恶化、能源不断紧张的状况，艺术设计如何以积极主动的态度进行思考，如何在教学内容、课程设置上提出新的要求与目标，如何以“适应”的创造性内容，寻求可持续发展的设计之路，对每一个艺术设计教育工作者与设计师都是不可逃避的问题。2012 年年底，天津凤凰空间文化传媒有限公司组织召开了全国高等院校艺术设计基础教育创新教材研讨会，邀请了清华大学、天津大学、湖南大学、苏州大学、江南大学、中南大学、北京交通大学、东北大学、山东建筑大学及天津美术学院等 20 余所院校的教授、学者参加，专家们为本套教材的编写提出了非常宝贵的建议，并拟定了主要的思路与框架。特别提出了：①注重“创新性”，即教材内容新颖，符合当代社会需求；②注重“普适性”，即基础教材内容尽量兼顾不同专业的通识共享，搭建共同基础平台，力求在设计基础、设计理论、专业设计教材内容上都有所体现。

中科院院士杨叔子教授曾说过：“百年大计，人才为本；人才大计，教育为本；教育大计，教师为本；教师大计，教学为本；教学大计，教材为本。”可见教材的优劣是何等之重要。相信这一套教材能够紧密结合当代科技的成果，面对我们生存的环境与现实，以科学的态度有效地实施新的设计教育内容，推动中国艺术设计教育健康发展。

董雅于天津大学建筑学院
2013 年 8 月

前言：我们需要什么样的城市？

“中国梦”是2013年最热的词语，从国家领导到普通民众，从庙堂之高到江湖之远，人人都在谈论“中国梦”。所以，2013年是中国人生活在“梦想”里的一年。什么是“中国梦”？如何实现？

“中国梦”是一个宏大的概念，它是由一个个普通人的“梦想”共同汇集而成的大梦想，只有各个小的“梦想”都实现了，“中国梦”才能最终实现。将建设一个有着健康、美丽、便捷环境的“宜居梦”作为“中国梦”的有机组成部分，是当代城镇居民最大的梦想之一。2013年中国的城市化率已经突破了50%达到52.6%，城市人口首次超过农村人口，中国也由此进入了一个“城市化”的发展时代。城市问题将成为21世纪影响中国进一步发展的主要问题。但在当前的城市建设方面，由于很多城市将追求标新立异的外在形态看作是塑造城市形象的主要手段，而忽略了城市的生态、文化、艺术等影响人民生活品质的实质性问题，使城市发展陷入了一个追逐“形式主义”的怪圈之中。因内涵的匮乏，使城市几乎沦落为一座“失落的空间”。事实上，拥有一个健康、安全、愉悦的生活环境，是城市居民最大的梦想。若这些梦想得不到实现，必将影响“中国梦”的实现。所以，无论是“宜居梦”还是“中国梦”必须将人们的福祉摆放在第一位，让城市发展重新回归到关注民生的本体中来。通过综合施策、系统建设来改善当前的城市环境质量，为人们营造一个美好、和谐的宜居都市环境是实现“中国梦”的必由之路。

何谓美好、宜居？曾听说这样一个故事：一位台湾女作家欲卖掉自己的一处老房子，当买主前来看房时，她突然发现院子里的一株柠檬已悄然绽放，芳香四溢。见到这一情景，她立刻改变了主意，不卖了。当别人追问原因时，她回答：因为柠檬开花了！这是一个听起来多么平淡，但又多么令人动容的答案：柠檬花开！柠檬花开，改变的不是一座房子，而是一种环境、一种心境。它让房子从“易居”的物质层面升华到了“逸居”的精神层面：春雨淅沥之际，邀约好友，三杯两盏淡酒，尽情享受泥土和花瓣的馨香；或春日的夜晚盘坐树下，独自品茗，让落花与茶水的淡香肆意氤氲心田。这是何等惬意！又是何等有诗意！著名艺术家韩美林曾说：“生活里面需要伴一点艺术的构思，不需要太多，一点就够”。所以，就居住而言，“宜居”不在于房子的大小、装饰的繁简，而在于意境。正所谓：花香不在多，室雅何须大！

宜居的都市又何尝不是如此呢？美好、宜居的环境不在于它是否拥有恢宏的建筑、繁华的景观、气派的广场以及宽阔的马路，也不在于它看上去多么壮观、豪华，多么令人热血沸腾，而是在于它是否拥有艺术性，有了艺术的介入，城市就从生活的空间转变成了精神的圣殿，完成了居住从物性到诗性的升华。室庐清靓、门庭洁雅、四时佳景环绕，令居之者忘老、寓之者忘归、游之者忘倦。这样的城市才是一个健康、愉悦，既“宜居”又“逸居”的城市，也是我们梦寐以求的城市。

陈高明

目 录

绪论 艺术改变城市

006 → 011

1. 城市，正在走向失落的空间

20 世纪中期以来，现代主义行为准则的缺陷，以及不真实的幻想和教条主义的推断[1]，不仅使传统城市丰富多彩、变化多样的生活逐渐消失，而且也使自古典主义以来城市具有的文化性、艺术性消亡殆尽。罗杰 · 特兰西克（Roger Trancik）将这种面目苍白、缺乏情趣和人性关怀的城市称为“失落空间”。“失落空间”产生的原因在很大程度上是由于建设者或设计师的态度谬误或社会责任心缺乏造成的。这是追求跨越式城镇化发展的弊病，是可以避免的。但我国当前的城市建设似乎没有避免，反而在积极向着此种现象迈进。

近十几年以来，受全球化、国际化思潮的影响，我国的很多城市明确提出要打造国际化都市[2]的理念。然而，在许多人的观念中，国际化都市就是鳞次栉比的摩天大楼、复道行空的立体交通以及豪华气派的市政广场。为了追逐潮流，于是在城市建设中掀起了一股“摩天大楼热”、“豪华广场热”。城市中形态诡异、光怪陆离的建筑，豪华气派的广场一个个粉墨登场。从“大裤衩[3]（图 0-1）”到“小蛮腰[4]”，从“忍者神龟[5]（图 0-2）”到“低腰秋裤[6]”，各种名目繁多、应接不暇的“文化广场”、“音乐广场”、“喷泉广场”及其各地方兴未艾的文化建筑……“你方唱罢我登台”，相互攀比、争奇斗艳，在当代科技、经济力量的支撑下竭力地挑战着人们的视觉极限。城市俨然已经成为设计师个人主义表现欲望的秀场和建设者“国际大都市情结”的试验田。众多令人叹为观止，乃至让人热血沸腾的“形象工程”、“地标工程”赚足了人们的眼球。但不幸的，正是这些工程也将城市建设推入了“赢

图 0-1 中央电视台大楼

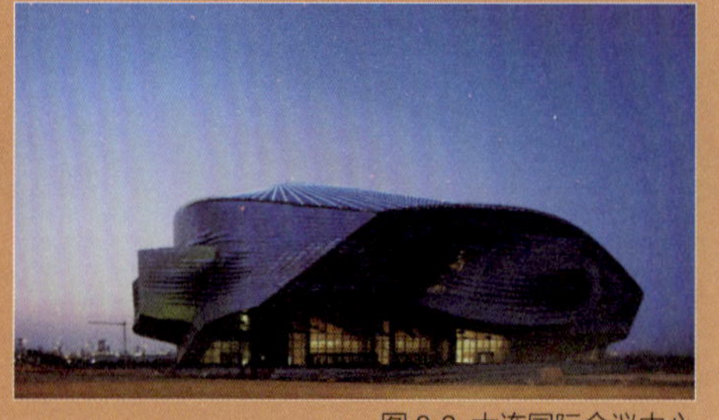

图 0-2 大连国际会议中心

1 [美] 罗杰 · 特兰西克，朱子瑜等译，寻找失落空间——城市设计的理论，北京：中国建筑工业出版社，2009：10.

2 据相关资料统计，在全球化思潮的影响下，全国 661 座城市中超过 200 座城市明确提出要建国际化都市。

3 “大裤衩”是对库哈斯设计的中央电视台新大楼的戏称。

4 “小蛮腰”是对广州电视塔的别称。

5 大连国际会议中心侧面外形酷似一只海龟，网友戏谑其为“忍者神龟”。

6 “低腰秋裤”是对建筑形态类似“秋裤”的苏州“东方之门”的戏谑。

了面子输了里子”的尴尬境地。那些看似外表惊艳，实则内涵惨淡的建筑、广场除了博得一声赞美之外，对于改善人们的生活品质、提升城市的环境质量并未起到任何积极作用。相反，还要为此付出沉重的资源和能源代价。当深入这些城市时，你才发现城市还是那个城市，建筑还是那个建筑，广场还是那个广场。唯一不同的就是城市越来越不像城市，建筑越来越不像建筑，广场越来越不像广场。这种过度追求标新立异的设计，在实质上是一种饮鸩止渴的城市建设方式。由于它的高能耗、高浪费以及缺少艺术细节和人文关怀，一方面，破坏了城市形象的完整性以及生态功能结构的系统性；另一方面，也大大降低了城市发展的可持续性。这股乐此不疲地营建“空心城市[7]”的潮流若不改变，长此以往，不仅会使建设者和设计师忘却城市的本质，同时也会使城市建设处于一种病态之中。沦落为“失落空间”将是城市的必然结局。

2. 城市，如何安放我们的生活

美国诺贝尔奖获得者斯蒂格利斯曾说：美国的高科技和中国的城市化是影响21世纪最重要的两件事。我们现在所生活的城市，是过去30年间伴随着中国经济高速增长而野蛮生长起来的城市。在轰轰烈烈的城市化思潮推动下兴起的“造城运动”，使城市区域如同喷发的火山一样肆意扩张，毫无忌惮。严重忽视城市的自然生长规律，一味地贪大求快、贪大求洋、追求新奇古怪，使城市之疾积重难返。鳞次栉比的摩天大楼，复道行空的立体交通，豪华气派的市政广场，川流不息的车辆、人群成为建设者对当代城市模式的普遍认同。这些景象看上去的确很壮观，也很自豪，甚至令人热血沸腾，但在这繁华的表象背后却掩饰不住城市精神的衰微、城市文化的消亡以及城市艺术的匮乏。面对着一个个形象雷同、毫无个性的建筑立面，缺乏艺术性的环境设施，没有细节的城市景观，无人问津的市政广场（图0-3），城市已经离它的市民越来越远。人们不禁要问这就是我们的城市吗？城市，该如何

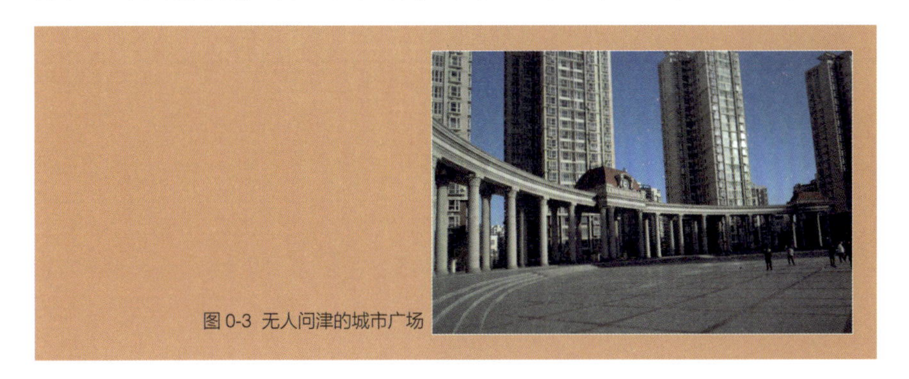

图0-3 无人问津的城市广场

7 孟子说“充实谓之美”，美的城市既要有美的外表，又要有美的内涵。而当代城市建设过度重视外表，不注重内涵，使城市愈发地不宜居，所以，被称为“空心城市”。

安放我们的生活?

李渔在《闲情偶寄》中提出："室雅何须大，花香不必多"的居住理论。这一理论同样也适合宜居城市的建设，即宜居城市：不在大，而在精；不在奢，而在雅。从城市发展建设的历史来看，影响城市形象和决定生活品质的因素不在于城市的大小与豪华程度，而是在于城市对人们生活品质的关注。城市之于居民，不只是建筑、街道、桥梁，广场，还是有血、有肉，可触、可感、可赏、可品的丰富肌体。为市民营建一处清幽洁净并充满艺术魅力的环境，让生活在其中的人们能在不经意间就享受到山林之乐和艺术之美，这才是人们渴望的生活。所以，城市的建设要走出追求形式主义的误区，回归到关注民生的本体中来，以人们的健康、安全和福祉为核心，使每个人都有一个安全的家，能过上有尊严、身体健康、安全、幸福和充满希望的美好生活，这才是宜居城市的本质。

3. 艺术，改变城市

衡量一座城市是否宜居，不仅要看它的整体环境，还要看它的细部环境。整体环境是细部环境的载体，细部环境代表整体环境的价值取向，二者的协调统一、相得益彰是实现城市"诗意栖居"的标志。

宋代画家郭熙在《林泉高致》中谓："世之笃论，谓山水有可行者，有可望者，有可游者，有可居者，画凡至此，皆入妙品。但可行可望不如可居可游之为得，何者？今观山川，地占数百里，可游可居之处，十无三四，而必取可居可游之品。[8]"何谓可居可游之品？"丘园养素，所常处也；泉石啸傲，所常乐也；渔樵隐逸，所常适也；猿鹤飞鸣，所常观也；尘嚣缰锁，此人情所常厌也；烟霞仙圣，此人情所常愿而不得见也（图 0-4）[9]"。从郭熙的画理画论中，也可以窥探出一种城市建设的思想。即一座符合"诗意栖居"的城市应如同一幅山水画一样，要具备"可游性"、"可观性"以及"可居性"。今天的城市建设又是如何呢？正如郭熙所言"今观山川，地占数百里，可游可居之处，十无三四。"原因何在？一方面，在国际化、全球化思潮的冲击下，我们一直努力地学习西方的现代城市，将他们的摩天大楼、高层建筑等城市的外在形象当作城市的全部引入我国的城市建设。在快速的城市化进程中，我们没有时间分析和思考西方现代城市的内在成因而盲目地搬用，造就了一个个形象雷同、面目苍白、既无内涵亦无生机的城市空间，还美其名曰：与国际接轨。

这就是我们的城市吗？我们需要一个什么样的城市？金玉其外、败絮其中，还是表里如一、秀外慧中？宋代欧阳修在《左氏辨》中说："君子之修身也，内正其心，外正其容。"城市的建设也须同君子的修身一样要内外兼修，兼顾城市整体与城市

---

8 [宋] 郭熙，林泉高致，济南：山东画报出版社，2010.
9 [宋] 郭熙，林泉高致，济南：山东画报出版社，2010.

图 0-4 刘松年 《四景山水画卷》

细部的和谐统一。密斯曾说：“整体是能力，细部是艺术。”艺术是城市的精髓和灵魂，它不仅决定着一座城市环境的空间品质，同时还影响着城市居民的生活品质。从城市发展建设的历史来看，艺术对于塑造城市形象、提升城市品位、改善城市环境、增强市民的自豪感和荣誉感均具有重要作用。古希腊的雅典卫城、意大利的古罗马城、中世纪的巴黎、文艺复兴时期的威尼斯，以及中国唐代的长安、宋代的开封、明清时期的北京和众多的江南村镇等处处充满了艺术气息，徜徉在这些空间之中就如同置身艺术的殿堂，如醍醐灌顶、让人陶醉，一股热爱之情也会油然而生。诚如英国著名建筑师理查德 · 罗杰斯所说：一个美丽的城市，艺术、建筑和景观能够激发想象力，提高市民精神。然而，在城市化快速发展的时代，我国城市建设的重心往往集中在外部环境上，而对真正影响城市品质和人们生活的艺术建设通常关注不足。这也使我们今天的城市离亚里士多德所说的“人们为了更好地生活而聚集于此”的初衷越来越远。由于缺乏美丽的景观和赏心悦目的环境，都市变得愈发不宜居住，诗意的栖居更是无从谈起。

面对城市发展的这一窘境，第 41 届“创造适宜居住的城市”国际会议提出把“城市作为一件艺术品”来建设的思想，开启了以艺术思维和艺术方式来建设城市的理念。艺术，不再是附庸风雅的摆设品，而是成为城市的内在需求。无论是人们的衣、食、住、行、用，还是作为现代文明综合体的城市在形象、个性、风格、气质以及魅力展示方面都离不开艺术的参与。如果离开艺术的滋养，城市将会黯然失色。

第一章 城市艺术设计概述

CITY ART DESIGN

- 城市的本质阐释
- 城市艺术设计的概念解析
- 城市艺术设计的框架体系
- 城市艺术设计的必要性

012 → 027

第一节 城市的本质阐释

城市是人类创造的伟大成就，是人类文明进步的标志，也是社会经济繁荣的象征。城市的形成不是一个偶然的事件，而是社会发展进化到一定阶段的必然产物。早在原始社会中后期，农业与畜牧业的分离，促进了以农业为主的居民点的形成，为城市的产生提供了可能。随着社会的进一步发展，商业与手工业又从农业中分离出来，形成一个独立的行业。为了便于商品交换和保护部落、宗族的生命财产安全，具备商业交换和防御职能的固定居民点（图 1-1）应运而生。所以，在这一时期城市还只是一种场所，并不是今天作为政治、经济、文化的综合体。而且，当时的“城”与“市”是两个不同的概念。“城”是指在都邑四周筑以墙垣，扼守交通要冲，由内外两重构成的以防卫为主的军事据点。如《管子 · 度地》中说：“内之为城，城外之为廓。”《古今注》中云：“筑城以卫君，造廓以守民。”“市”是指固定的交易场所。如《易 · 系辞下》曰：“日中为市，致天下之民，聚天下之货，交易而退，各得其所。”《诗经》就记载了当时的人们在“市”中进行易货的行为活动，如《氓》载“氓之嗤嗤，抱布贸丝”。而且“市”还有大市、早市和晚市之分。《周礼 · 地官》中曰：“大市，日昃而市，百族为主；朝市，朝时而市，商贾为主；夕市，夕市而市，贩夫贩妇为主。”

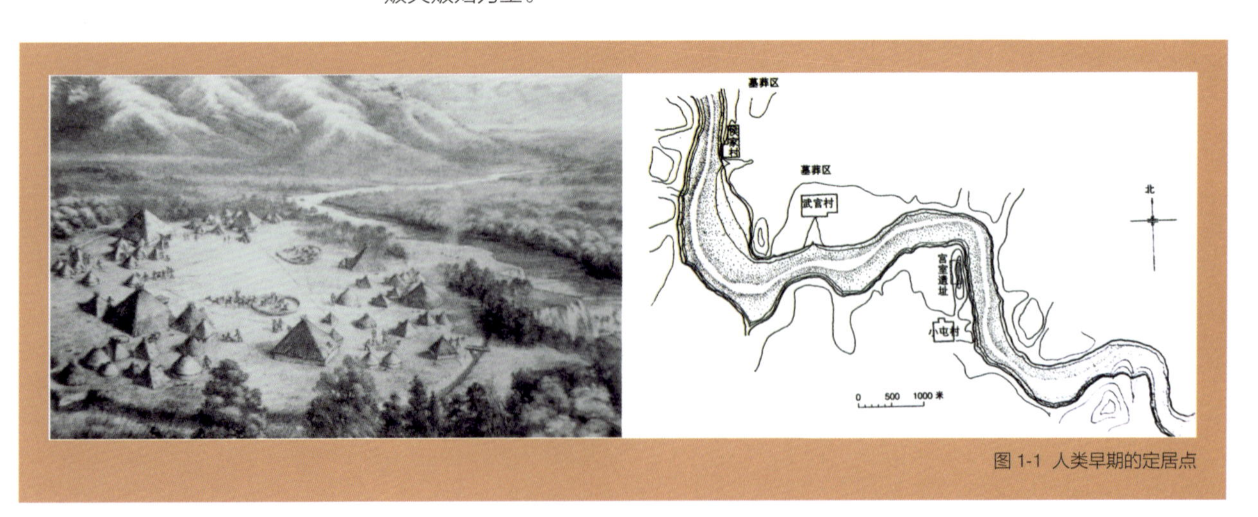

图 1-1 人类早期的定居点

因为“城”与“市”的功能、性质不同，所以，在“城市”出现之初，二者并不是结合在一起的。后来，随着“城”里人口的不断增多与日益繁华，“市”便由散落状态向固定状态演变，在地点上也开始由郊区向城里迁移。如《考工记》云：“面朝后市，市朝一夫。”“城”与“市”遂结为一体，成为一个统一的聚合体，也便有了今天城市的含义。

据考古学家发现，早在 5000 年前的尼罗河流域、两河流域以及美索不达米亚平原已经出现了人类历史上的第一批真正意义上的城市。另外，在中国的长江流域（图 1-2）、黄河流域以及中美洲的一些地区也先后诞生了很多城市。但由于生产力落后，城市发展比较缓慢，规模较小，而且结构和形态也都比较单纯。早期的城市多为政治、宗教、军事、商业以及手工业中心。两河流域的巴比伦、古希腊的雅典、法国的巴黎，以及中国隋唐时期的长安、明清时代的北京基本都如此。13 世纪之前，除古罗马、古希腊以及中国的长安城常住人口达到十几万之外，很少有人口超过 5 万的城市。这一时期，城市人口在世界总人口中所占比例很小，直到工业革命，世界城市人口总数才达到 2930 万，仅占世界总人口的 3%。18 世纪以后，伴随工业革命的发展迎来了城市建设的新时代。城市的发展从此步入了现代化阶段。在工业化浪潮的推动下，现代城市获得了迅速的发展。一改传统城市相对单纯的结构形态，在组织、空间、人口等结构，以及城市的物质、社会、经济和生态等多重性方面变得日趋复杂。如在城市的构成上既是土地、道路、河流以及建筑等自然和人工要素的有机组合，又是人、家庭、社区、组织等社会要素的高度聚合；既是产业、金融、信息、物资的相互融合，又是承托人类与其他生物、非生物共存的环境载体。

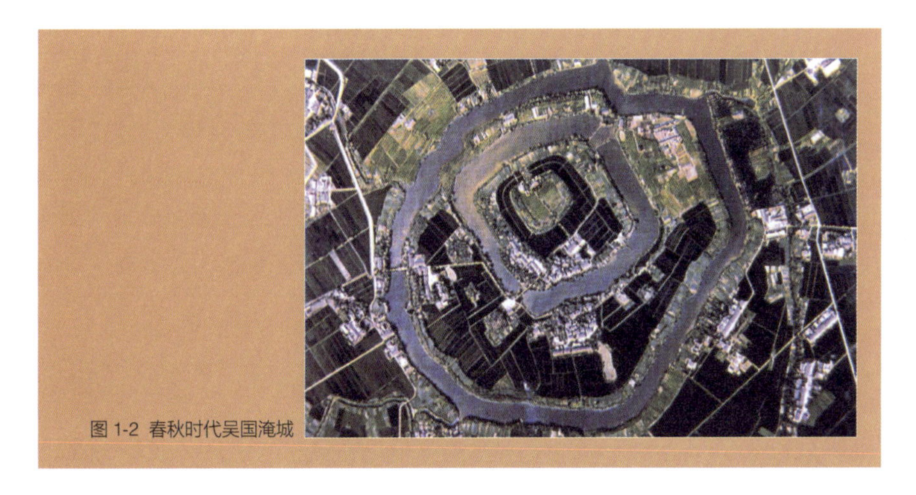

图 1-2 春秋时代吴国淹城

城市组织结构的复杂性也导致了对其概念认知的模糊性和多义性。不同的学科对城市有着不同的认识。历史学家认为城市是一部用建筑材料书写成的历史教科书；政治学家将城市看作是政治活动的舞台；社会学家认为城市是社会化的产物，是人口高度密集的社区，是一种生活空间；经济学家认为城市是生产力的聚集区和各种经济活动的中心；建筑学家把城市看作是各种建筑物、构筑物的综合体；生态学家认为城市是人按照一定目的、要求和规范建造起来的人类聚集地，是具有人工痕迹的生态环境。

从上述众多对城市概念的认知来看，各领域的人员基本上都是从各自的学科背景和学术视野出发来理解城市。但这些观点仅集中在城市的空间构成、组织结构和外在形态等宏观方面，很少涉及城市的本质问题。如果按照这一方式理解和建设城市，不去探究人在城市中的交往、娱乐、生活、休憩和观赏等微观层面的生活需求和行为需求，就会导致城市因缺乏人性关怀和人文气息而变得空洞无物、毫无生气，城市真的就要变成一座供人居住的“机器”了。所以，在新形势下我们需要重新审视城市的本质究竟是什么？古希腊著名哲学家亚里士多德在诠释城市时曾说：“人们为了生活，聚集于城市；为了更好地生活，而居留于城市。”若从这一层面理解，城市的本质首先应该是居民的城市、生活的空间、承载人们物质梦想和精神理想的圣地。所以，城市建设应该以有利于居民的衣、食、住、行、用为目标，关注市民的生活环境和生活质量。不能只追求规模的大小，经济的快慢以及 GDP 的高低，而是努力为生活在城市中的居民营建一个舒适、宜人、美观的环境，让生活在此处的居民拥有安全感、方便感、舒适感、惬意感、归属感和自豪感。这种宜居性才是城市的核心本质。

宜居性作为城市的本质，是被工业革命以来的城市长期忽略的，也是当代城市必须要重新回归的。今日，重新审视城市的宜居性，一方面是经济的快速发展以及人们生活水平不断提升的内在要求；另一方面也是人们环境意识的觉醒和对生活质量吁求不断提高的必然结果。它彰显了当代城市居民价值取向的转变以及城市发展观念的转向。所以，当代的城市建设需要倾听市民的声音，摒弃浮夸、奢华、非理性的盲从和不切实际的形式追求，从文化、艺术、生态的角度出发在居住、生活、休憩以及健康、安全、幸福等方面切切实实地树立以满足人的需求为目的的建设理念，将“可观、可游、可居” 三位一体、有机协调作为城市建设的核心。这样才能最终实现联合国提出的：“让我们携起手来，共建一个充满着和平、和谐、希望、尊严的健康和幸福家园”（图 1-3）的思想。

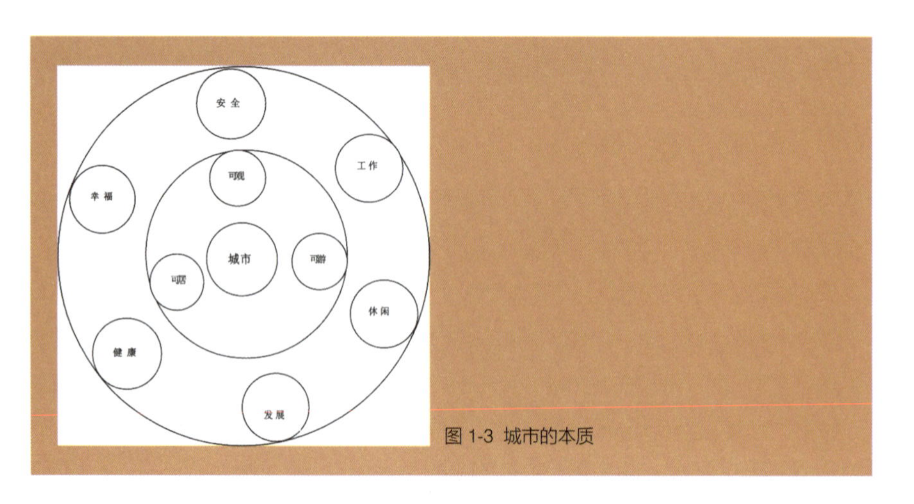

图 1-3 城市的本质

第二节 城市艺术设计的概念解析

近几十年来，城市的快速发展给都市中的居民带来了巨大的生活便利和物质享受。但城市的跳跃式发展在改善市民生活状态和城市面貌的同时也营造了大量冷漠的空间：令人望而生畏的摩天大楼、让人望洋兴叹的城市广场、叫人望而却步的宽阔马路。在这些既无美感又缺乏人性关怀的失落空间里，寻求一丝惬意和愉悦似乎早已成为人们难以企及的心灵渴望。面对人们不断提升的生活水平与日益恶化的环境状况之间的矛盾，改善城市环境，提升城市品质也就成为当代城市发展面临的主要任务。为了提升城市环境质量，为生活在都市中的居民营造赏心悦目的美丽景观，城市艺术设计的概念也就应运而生。

城市艺术设计是一门为人们创造美丽、优质生活环境的综合艺术和科学。它致力于从艺术的角度来审视和建设城市，通过艺术的介入，将城市环境与艺术设计有机结合起来，进行综合考量、整体规划、系统建设，从而为居民营建一个舒适、合理，既能满足物质需求又能满足精神需求的秀外慧中、宜观宜居的生活空间。城市艺术的概念有广义和狭义之分。广义的城市艺术是指以艺术的手段或方法进行城市设计，它指的是一种理念、行为和方法，也许并不是某种特定的视觉形式。狭义的城市艺术则是指对城市的装饰和美化，是一种视觉艺术手段。但有一点需要明确，就是城市艺术设计虽然注重对城市外在形象的修饰，但并非是对城市进行简单的“涂脂抹粉”式的化妆，也不是随意摆设几个雕塑、种上几片草坪、移植一些树木、设置一些座椅或建几个气派的广场和建筑物，而是化景物为情思，以艺术的思维和艺术的观念来展现城市的历史、文化与地域风情。把城市当作艺术品一样精雕细琢、悉心经营，才能创造出既有魅力又有内涵的城市形象，诗意的栖居才能最终实现。

城市艺术设计古而有之，但作为一种概念来提出还是近几年的事。城市艺术设计作为对当代城市环境问题的反思和针对当代“经济城市”、“功能城市”等建设观念的矫正，它的提出标志着城市建设由追求外延式发展向注重内涵式发展转变；从注重科学、技术向关注人文、艺术转变以及由追求感性形式向探索理性本体的回归。

城市艺术设计是一个设计城市众多方面的综合体系，它与城市规划、城市设计以及环境设计等概念存在着相互交织、错综复杂的联系。如果要界定城市艺术设计的概念，首先要明确城市规划、城市设计与环境设计等有关城市建设名词的概念以及它们之间的区别与联系。

1. 城市规划

城市规划是为了实现社会和经济发展的合理目标，对城市的用地和建设所做的安排。它是合理引用和控制城市发展的方法和手段，是塑造和改善城市环境而进行的一种社会活动，一项政府职能，一项专门技术和科学。经确定的城市规划方案即成为城市建设和管理的依据。城市规划的任务主要包括两个方面的内容[1]。

（1）根据社会经济发展的目标，在全面研究区域社会经济发展的基础上，根据城市的历史和自然条件，确定城市的性质和规模，全面组织城市的生活、工作、休憩和交通等功能，合理选择和安排各类用地，使城市各部分各得其所，互相配合，为生产和生活创造良好的发展环境。

（2）根据各项法规及经过批准的规划，对城市的用地和建设进行管理，以保证有秩序的城市建设和城市发展。

城市规划的历史非常久远，最早可以追溯到城市发展的初期。如我国《诗经》、《考工记》、《管子》和《吴越春秋》中记载的周代及列国的王城、隋朝宇文恺设计的大兴城（即唐代的长安城）、元代刘秉忠规划的大都（北京城），以及古罗马的维特鲁威和文艺复兴时期的阿尔伯蒂、帕拉第奥、斯卡莫其设想的“理性城市”等都是早期人们进行城市规划的探索。

19世纪以后，由于经济的发展和人口的不断增加，城市面临着越来越多的问题。为解决政治、经济、人口以及环境等对城市发展的制约，在西方国家出现了一系列城市规划理论。如：英国人E．霍华德的“田园城市”、西班牙工程师索里亚·玛塔提出的“带状城市”、美国人R．恩温提出的“卫星城市”、美国建筑师弗兰克·赖特提出的“广亩城市”、法国建筑师勒·柯布西耶提出的 “光辉城市”以及其他一些建筑师和规划师设计的“手指形城市”、“边缘城市”等，都从功能、形态、结构等方面推动了城市的发展建设。

2. 城市设计

城市设计是在当代城市规划和建筑学基础上发展而来的一种城市建设理论。它是指人们为提升城市环境品质和塑造城市的场所感、地域感而进行的城市外部空间和建筑环境的设计与组织。目前，理论界对城市设计尚没有一个统一的界定，不同领域的学者对其概念的理解不尽相同。《不列颠百科全书》认为：城市设计是指为达到人类的社会、经济、审美或者技术等目标而在形体方面所做的构思……它涉及城市环境可能采取的形体。就其对象而言，城市设计包括三个层次的内容。一是工程项目的设计，是指在某一特定地段上的形体塑造，有确定的委托业主，有具体的设计任务及预定的完成日期，城市设计对这种形体相关的主要方面完全可以做到有效控制。例如公建住房、商业服务中心和公园等。二是系统设计，即考虑一系列在功能上有联系的项目的形体……但它们并不构成一个完整的环境，如公路网、照明系统、标准化的路标系统等。三是城市或区域设计，这包括多重业主，设计任务有时并不确定，如区域土地利用政策、新城建设、旧区更新、改造或保护等设

1 王明浩，城市科学小百科，北京：中国城市出版社，2007.

计[2]。《中国大百科全书》则认为：城市设计是对城市形体环境所进行的设计。一般指在城市总体规划指导下，为近期开发地段的建设项目进行的详细规划和具体设计。城市设计的任务是为人们各种活动创造一个具有一定空间形态的物质环境，包括各种建筑、市政设施、园林绿化等方面，必须综合体现社会、经济、城市功能、审美等各方面的要求，因此也称为综合环境设计[3]。而《辞海》对这一概念的解释为：城市设计是对人们的活动空间所做的一系列布局和处理。目的是创造高质量的城市建筑环境，使人们感到舒适、方便、安全、愉悦和融洽。其范围既可以是城市整体的形象布局，也可以是城市中的某一局部地区或地段。

与以二维平面上空间布局为主的城市规划有所不同，城市设计主要以三维的城市空间形象和城市的审美要求为目标，但又不局限于城市面貌的美观方面，也涉及功能、社会、人们的心理及生理等要求。内容包括土地上的安排及其使用强度，地形的处理，建筑群体的空间布局，空间界面的处理，人流、车流的组织，绿地、旷地的使用和布置，城市建筑的文化脉络以及有关创造优美空间环境的因素等[4]。

3. 环境设计

与城市艺术设计关系最接近的是环境设计。环境设计是指与人居环境相关的一切规划、设计行为。环境设计具有广义和狭义之分，广义的概念范畴宏大、包罗万象，从一座城市、区域到整个地球的所有环境，都属环境设计之列。狭义的环境设计特指围绕室内外等与人的生活相关的环境的规划设计，包括室内装饰、外檐美化、景观设计、小品设施等。吴家骅先生在《环境史纲》中说：环境设计是一种爱管闲事的艺术，无所不包的艺术。大，它能涉及整个人居环境的系统规划；小，它可关注人们生活与工作的不同场所的营造。美国著名环境设计丛书编辑理查德·P.多伯对此的解释是："环境设计是比建筑的范围更大，比规划的意义更综合，比工程技术更敏感的艺术。这是一种实用的艺术，胜过一切传统的考虑，这种艺术实践与人的机能密切联系，使人们周围的事物有了视觉秩序，而且加强和表现了人所拥有的领域[5]。"

从吴先生和多伯对环境设计概念的诠释可以看出，该学科具有模糊性和不确定性的特征。所以，引起误解和用颇多言辞予以解释、澄清的情况亦是屡见不鲜。这也往往是造成与建筑设计、城市规划、城市设计、风景园林等学科冲突和矛盾的原因。

---

2 转引自北京市社会科学研究所城市研究室编，宋峻岭，陈占祥译，城市设计，外国城市科学文选，贵阳：贵州人民出版社，1984.
3 中国大百科全书总编辑委员会，建筑、园林、城市规划卷，北京：中国大百科全书出版社，1988.
4 辞海编辑委员会，辞海，上海：上海辞书出版社，2002.
5 邓庆尧，环境艺术设计，济南：山东美术出版社，1995.

在对环境设计界定的众多概念中，天津大学建筑学院董雅先生的解释似乎更为中肯、确切和细致。他说：环境设计是一个与建筑学、城市规划学以及风景园林学密切相关的学科。它们之间彼此贯通、相互补充。不同之处在于环境设计实质上是环境的“艺术设计”，是以理性为基础，感性与理性相统一的设计。在环境设计的整个过程中始终受功能、技术和艺术三种因素的制约。其中，功能是第一位的，技术是实现功能的基础，但最后统统都要落实到具体的、实实在在的感知形态——艺术形象上。董雅先生在这里的阐述不仅明晰了环境设计与建筑设计、城市规划和风景园林等学科的关系和渊源，同时也明确了环境设计是一门功能、技术与艺术高度统一的设计学科，而且这种环境设计概念在一定程度上也是对城市艺术设计概念的界定和规范。

从上述对相关城市建设的概念诠释来看，城市规划、城市设计、城市艺术设计以及环境设计作为当代城市建设不可或缺的组成部分，它们之间既有区别，又有联系。

区别在于以下方面。

（1）从设计维度上来看，城市规划偏重于以土地区域为媒介的二维平面规划。城市设计要在三维的城市空间坐标中解决各种关系，并建立新的立体形态系统。而城市艺术设计则是一种具有继承性、连续性和时限性的四维时空艺术活动。它不像城市规划与城市设计那样可在短时间内完成或建成，而是一个长期积累、缓慢积淀的过程。一方面，各个时期的艺术形式并存于同一城市空间，通过这些艺术即可追忆城市的历史、展望城市的未来。另一方面，城市艺术设计借助立体绿化等形式又可为城市居民营造一种“一年有四季，春夏各不同”以及“人在景中站，景随人心转”的随时随地而变的城市环境。

（2）从空间规模上来看，城市规划侧重的是城市宏观层面的总体构想与规划。城市设计是介于城市规划和城市艺术设计之间的城市中观层面环境的设计和建造，是一种承上启下的设计。城市艺术设计则是侧重于城市微观层面的景观营建，是城市细部设计和软环境设计。在这一方面与环境设计具有共同之处。

（3）从空间关系上看，同城市设计和城市艺术设计相比，城市规划处理的空间范围是最大的，它不仅要解决城市的分区问题，还涉及城市的整体构成，城市与周边其他都市以及乡村的关系，即一个都市群的关系。所以，城市规划是一项包括除城市空间之外的政治、经济、文化相互关系的整体性设计。城市设计基本只着眼于城市的部分设计，侧重于这部分内建筑、交通、公共空间、城市绿化、文物保护等城市子系统的交叉与渗透，从这一点来看城市设计更像是一种整合性系统设计。城市艺术设计作为城市的细部设计是对城市规划和城市设计的补充与完善，它涉及了城市规划与城市设计没有关注到的空间领域，如公共艺术、环境设施、道路铺装、建筑立面形态等。这些设计又不能脱离城市规划和城市设计，必须在纵向与横向方面取得与城市规划、城市设计以及建筑设计的协作，才能保障城市艺术设计与城市总体环境的协调性、一致性。所以，城市艺术设计是一项系统性的细节设计。

（4）从空间形态上看，城市规划和城市设计与城市艺术设计在空间形态方面的关系是相对而言的。从城市空间形态上看，城市规划与城市设计属于城市外部空间设计，如对建筑高度、密度的控制，城市的天际线以及街道的宽度与建筑物的关系等。与城市规划和城市设计相比，城市艺术设计由于偏重城市内部的艺术细节营造，所以在空间形态上当属城市内部空间设计。但是，同狭义的环境设计[6]相比，城市艺术设计又属于外部空间设计。

（5）从视觉形象上看，由于城市规划的重点在于解决城市的用地、规模、布局、功能、密度、容积率等问题，在视觉形态上倾向于一种抽象性和数据性。城市设计关注的是城市功能、城市面貌，尤其是城市公共空间的形态，与城市规划相比城市设计更具有具体性和图形化的特征。城市艺术设计是以视觉秩序为媒介，以艺术介入为理念，并结合人的感知经验、精神诉求以及城市历史、城市文化等建立的一种具有艺术性、场所性和识别性的空间环境。

联系在于以下方面。

（1）城市艺术设计是城市规划和城市设计的发展延续。

城市规划、城市设计与城市艺术设计的有机结合对一个城市的建设具有举足轻重的作用，也是营建一个优雅、宜人的城市生活环境的基础。从城市规划到城市设计再到城市艺术设计是城市建设从宏观向微观，从抽象到具象，从参数到图形，从外延到内涵的转变。就这一点而言，城市规划、城市设计与城市艺术设计是一脉相承的。

（2）城市艺术设计是城市规划和城市设计的深化。

城市规划与城市设计可以看作是按不同目的和原则进行的空间组织。力求实现不同空间之间的和谐发展。从这一方面来说，城市规划和城市设计侧重的还是物质形态空间的建设。城市艺术设计作为城市规划和城市设计的延续在注重城市空间功能、结构、性质的基础上将重点从物质空间转向非物质空间。通过空间组织的有序性、可视性、参与性以及借助色彩、比例、韵律等艺术手段来营造具有丰富空间美学和文化内涵的生活环境，所以，城市艺术设计可以看作是城市规划和城市设计的深化设计。

（3）城市艺术设计是城市的细部设计。

《礼记 · 中庸》提出君子的行为要“致广大而尽精微”。同样，城市的建设也需要做到这两个方面。“致广大”是城市的整体形态；“尽精微”是城市的细部设计。城市艺术设计作为城市规划和城市设计的延续和深化，是城市的细部设计。密斯说：“上帝存在于细部之中”，细部是一个城市的精髓和灵魂。对于一座城市而

---

6 狭义的环境设计仅指室内设计，广义的环境设计包括城市规划和城市设计在内的一切与环境有关的设计。

言，评判其文化特色的优劣并不在于规模的大小，而是能否在细微之中体现出一些艺术气息。城市发展的历史证明：只有整体而没有细部的城市，既不能激起市民的热情，也不能提升市民的自豪感。城市之于市民，不只是建筑、街道、桥梁和广场，还有可触、可感、可观、可赏、可嗅、可品的细部。只有整体和细部协调发展、相得益彰的城市，才是一个能带给市民安全、健康和福祉的诗意栖居地。

通过对城市艺术设计、城市规划设计、城市设计以及环境设计等诸多概念的阐释、对比可知，这些概念之间就如同一张网一样，彼此并不是孤立的，而是存在着相互交织、错综复杂的关系。城市的建设是一项综合性、系统性工程，并不是依靠哪一个行业或学科可以完成的。“尺有所短，寸有所长”，只有众多学科的通力合作、协调发展、相互完善才能构建一个和谐宜居的城市。

第三节 城市艺术设计的框架体系

城市艺术设计是由城市规划、城市设计、环境设计和建筑设计联合衍生的一种新的城市艺术形式，它致力于将城市建设成为一个既有丰富美学内涵又具文化气息的惬意人类栖居地。城市艺术设计作为一种比城市规划、城市设计和环境设计更为具体、更加微观的城市建设形式，它一方面汲取了城市规划与城市设计注重将构成城市的不同元素有机整合的特点，以及环境设计追求场所美感和愉悦的特征；另一方面摒弃了城市规划过于抽象化和参数化的形式以及环境设计模棱两可、概念模糊的不足。它是艺术观念和艺术思想在城市建设中的深度介入，来营造一处可触、可感、可赏、可玩的具体空间环境。从这一方面来说，城市艺术设计不是艺术品在城市空间中的简单堆砌和随意叠加，而是综合运用各种艺术手段和艺术方法以及科学技术的相互结合来有计划、有秩序地为生活在城市中的居民创造一个充满艺术氛围和艺术气息的整体环境艺术。

吴良镛先生在《人居环境科学导论》中提出人居环境是一项系统性的工程，在构成体系上是由自然、人、社会、居住以及支撑网络五大系统共同构成的，在具体的设计方面要遵循生态、经济、技术、社会和文化艺术的原则。五大系统与五大原则的相互结合是建设科学人居环境（图 1-4）的前提和基础。城市艺术设计作为整体人居环境的组成部分，在研究方面也需要借鉴吴良镛先生提出的人居环境原则和系统。只不过城市艺术设计研究的侧重方面，已从人居环境着眼于硬环境的推进转向了注重“软环境”的研究。

城市艺术设计作为整体人居环境的一部分，随着城市环境的日趋复杂以及人们审美需求的多元化趋势，城市艺术设计要解决的问题必然也是多样的。如此一来，它在构成体系上也就不可能由单一学科和单一要素可以完成，而必须是一个多学科、多领域相互交叉、相互渗透、精诚合作的结果。所以，城市艺术设计是一种“关系

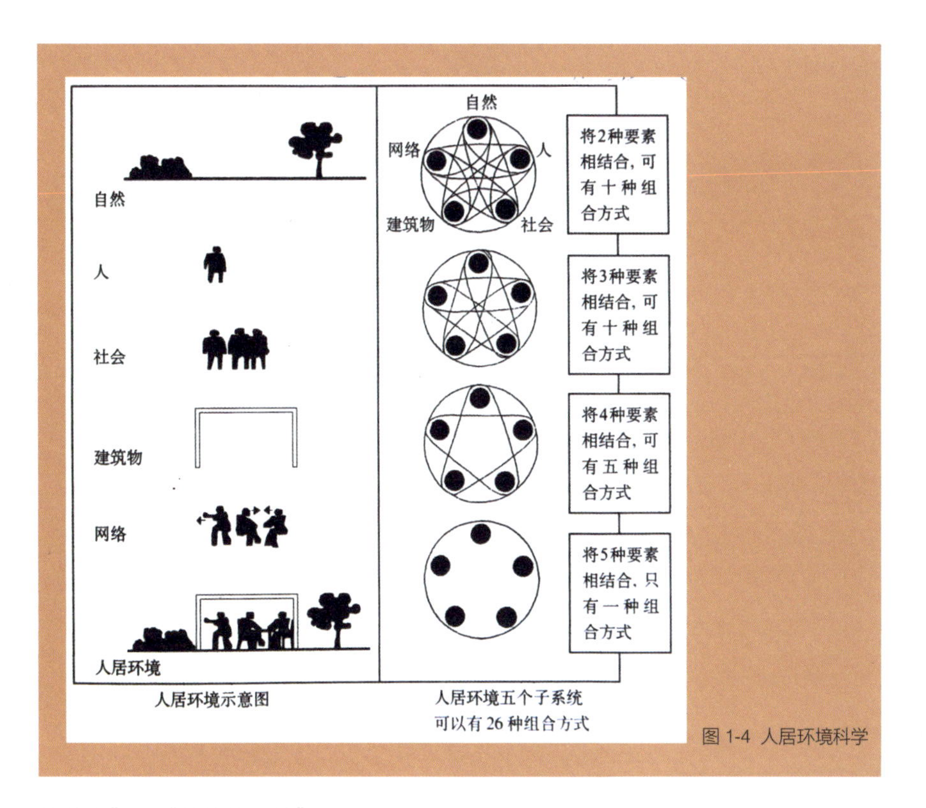

图 1-4 人居环境科学

的艺术”和“整体的设计”。

综上所述，城市艺术设计的基本框架（图 1-5）和学科构成体系有以下特征。

（1）城市艺术设计遵循艺术、人文、科技协调发展的原则。

正如科学、艺术和宗教三者的有机结合是共同推动人类进步的三驾马车一样，城市艺术设计从概念到实现也受三个方面因素的影响与制约，即艺术、人文和科学技术。这三者中艺术是目标，人文是内涵，科学技术是支撑。它们之间各有所长，又有不足。其中，艺术为城市环境提供情趣、审美和愉悦，人文能改变城市环境的品位和特质，科学技术为城市艺术设计提供技术支持。三者的有机结合是实现城市艺术的前提和基础。

（2）城市艺术设计是多学科协同发展的艺术。

城市艺术设计作为城市规划与艺术设计联合派生的一种艺术形式，与其相关的学科有城乡规划学、城市设计学、城市美学、建筑学、景观园林、生态学、人居工程学、环境物理学、符号学、社会学等诸多学科领域。在城市艺术设计的范畴内，这些学科不是简单机械的相加，而是综合、互补后的整合重生。

（3）城市艺术设计是多元并存的艺术体系。

城市艺术设计虽然是城市的细部设计，但它涉及了城市规划、城市设计以及建筑领域以外的所有城市元素。包括公共艺术、环境设施、建筑装饰、道路铺装、环境绿化、城市景观以及城市色彩等在内的城市环境要素。

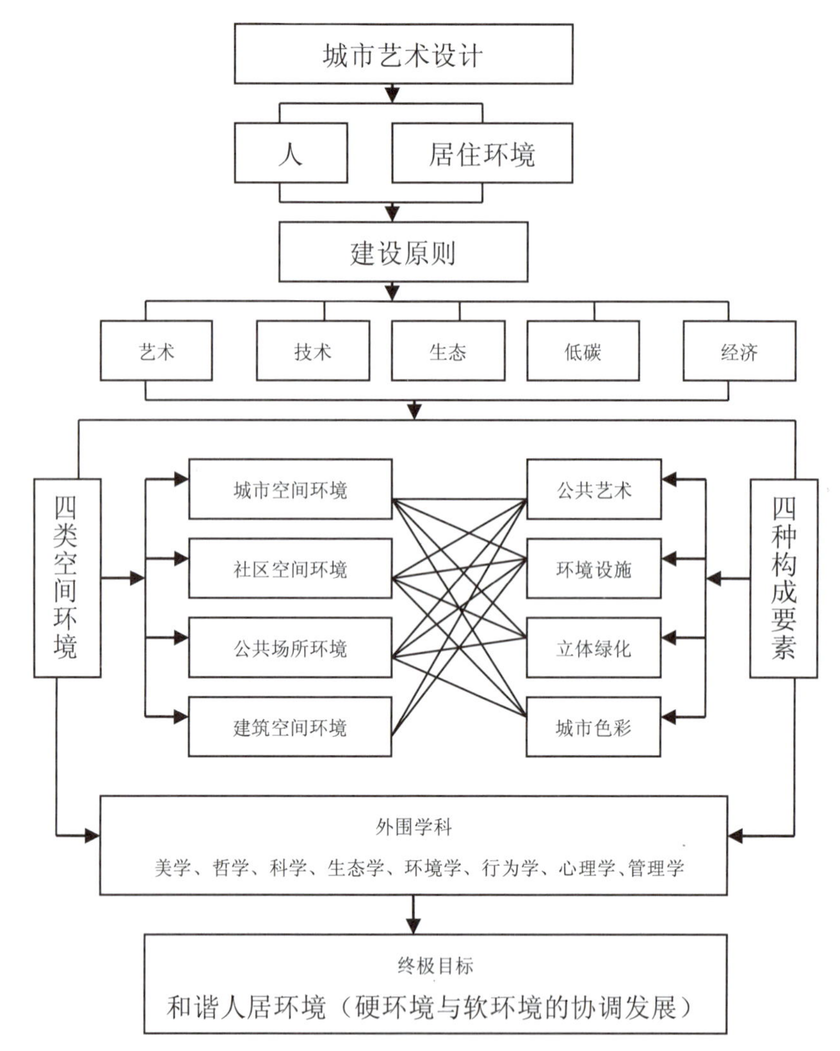

图 1-5 城市艺术设计的基本框架

第四节 城市艺术设计的必要性

1. 城市艺术设计是改善城市形象，提升城市竞争力的有效手段

城市的快速发展在创造大量繁华空间的同时，也使城市曾经拥有的地域特色、人文特色逐渐式微，城市形态愈来愈趋同。“千城一面”成为这个时代城市的总体印象。然而，当代社会又是一个“关注力”的时代。在全球化、国际化快速发展的背景下，经济已不再是衡量一座城市发达与否的唯一标准。国际、城际之间的竞争

开始从“硬实力”向“软实力”，从“硬环境”向“软环境”（艺术环境）转变。现代城市学研究表明：现代城市的核心竞争力包括实力、活力、魅力等系统。魅力系统是通过艺术手段建成的“艺术环境”及其所具有的吸引力，它是城市“软实力”的体现。在整个城市竞争力体系中魅力系统虽然只占一小部分，但它对于改善城市品质，塑造城市形象的作用却是巨大的。所以，在城市发展的“同质化”时代，谁能通过艺术环境建设来提升城市的美誉度和关注度，谁就能在竞争中获胜。

2. 城市艺术设计是体现人性化城市理念以及构建和谐人居的必由之路

一座理想的宜居城市应该是物质环境与精神环境的共同发展。著名哲学家马斯洛提出：人的需求从最低到最高依次可以分为五个层次，这五个层次是一个从物质到精神不断升华的过程。亦如墨子所说：“食必常饱，然后求美；衣必常暖，然后求丽；居必常安，然后求乐。”人类的这种需求嬗变规律也在潜移默化之中推动着人居环境的建设。受人们渐次增长的需求影响，城市人居环境的发展完善需要经历初级、中级和高级三个不同的阶段。在初级阶段，以技术为中心的硬环境建设是人居环境建设的重点；当“技术完成使命就升华为艺术”[7]。因而，在人居环境建设的中级阶段，艺术将起主导作用。人居环境发展的最高阶段是人与环境共生的和谐人居阶段（图 1-6）。从人居环境这一发展规律来看，它同人们不断增长的需求规律是一致的。所以，促进人居环境建设从“硬环境”向 “软环境”迈进，不仅是体现城市发展对人的关怀，同时也是实现人居环境最终走向和谐的必由之路。

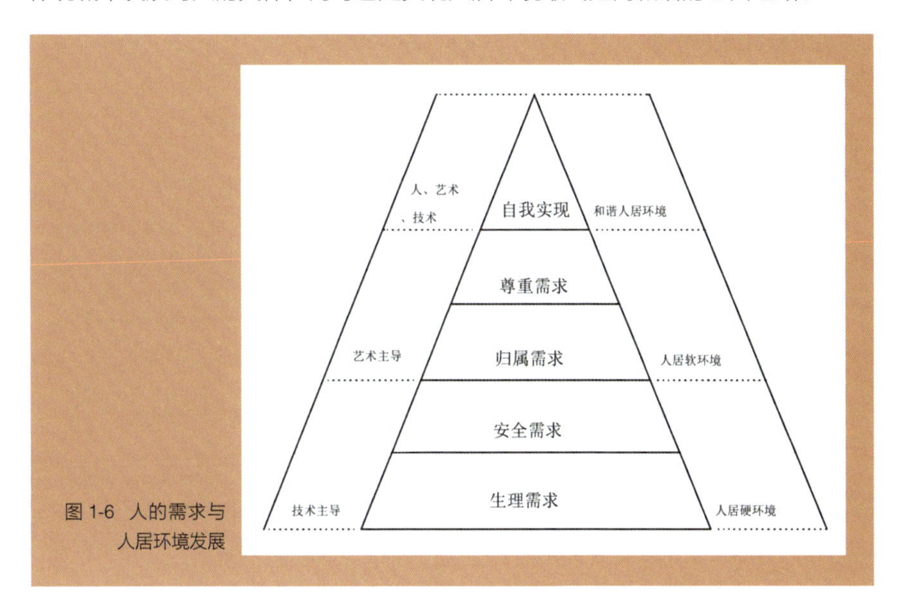

图 1-6 人的需求与人居环境发展

7 陈镌，莫天伟，建筑细部设计，上海：同济大学出版社，2009.

3. 城市艺术设计是提升城市居民幸福感和自豪感的内在要求

古希腊哲学家亚里士多德在总结城市建设的全部原则时称“一座城市应该建设得能够给他的市民以安全感和幸福感”[8]。人们的安全感和幸福感是与生活环境分不开的。人与环境是一对相互影响、相互塑造、相互依存的整体。人能够创造优美的环境；反过来，优美的环境也能提升人们的幸福感、自豪感以及点燃对家乡的热爱之情。正如英国著名建筑师理查德 · 罗杰斯所说：一个美丽的城市，艺术、建筑和景观能够激发想象力，提高市民精神。所以，以艺术的方式来建设人居环境，把艺术之美与人文之善贯彻于城市建设之中，为城市营造一种优雅且充满诗意的环境，让终日生活在忙碌中的城市居民随时随地享受美丽环境带来的心情舒畅和精神愉悦，既是建设能够提升人们幸福指数和激发人们自豪感的城市环境的内在要求，同时也是实现“使每个人有个安全的家，能过上有尊严、身体健康、安全、幸福和充满希望的美好生活[9]”的愿望所在。

4. 城市建设需要艺术

在快速的国际化和城市化进程的联合推动下，当代城市获得了巨大的发展动力。从上海到北京、从香港到深圳、从大连到重庆，一个个形态相似、表情雷同的城市就像是从流水线上被制造出来的工业产品一样，毫无个性可言。这样的城市无论是作为一种社会介质还是聚居场所，都不能完成现代文明所呼唤的伟大期望，甚至不能满足人们一些合理的心理和生理需求。然而营造城市的那些缺乏人性思考的形式和事件却愈演愈烈，其实施范围甚至达到了空前的地步。即使一些小的城市，其所体现出的愿望、热情以及所积蓄的能量都足以让人瞠目结舌。不过当我们进入这些城市，流光溢彩、姹紫嫣红的外观形态让人迷醉。如果抛却这些令人艳羡的外部形态，稍微观察就会发现它们内部空间的单调和呆板。金玉其外，败絮其中的环境会让你的都市幻影立刻消殒殆尽。一幢幢玻璃幕墙的高楼大厦、空无一物的城市广场、凌乱不堪的巨大广告牌，无一不缺乏审美特征，缺乏人情味。除了高低错落的城市轮廓之外，再无可取之处。托马斯·曼在吕贝克城建城周年纪念庆典仪式上说：“一旦城市不再是艺术和秩序的象征物时，城市就会发挥一种完全相反的作用，它会让社会解体，令碎片化的现象更为泛化[10]。”试想，生活在一个既无美感又无秩序的城市之中人们的生活何处安放？人们的审美素养又如何培育？沙利宁曾说：“让我看看你的城市，我就知道这个城市的居民在文化上追求的是什么。”艺术在潜移默

---

8 [奥] 卡米诺 · 西特，城市建设艺术，南京：东南大学出版社，1990：1.
9《伊斯坦布尔宣言》 1996：9.
10 刘易斯·芒福德著，宋峻岭译，刘易斯芒福德著作精粹，北京：中国建筑工业出版社，2010：131-134.

化之中影响着人们的生活实质和城市品位。吴良镛先生认为：“城市的构筑物假若不能悦人眼目，动人心弦，那么尽管大量使用技术力量，也不能挽救构筑物的无意义。”[11] 所以，城市环境的建设不仅是一个技术问题，更是一个艺术问题。城市环境建设要突破固有的思维模式，以艺术为统领、技术为支撑的方式进行建设，才能焕发城市魅力，提升城市形象。

推荐阅读：

1. 卡米诺·西特，仲德崑译，《城市建设艺术》
2. 刘易斯·芒福德，《城市文化》
3. 刘易斯·芒福德，《技术与文明》
4. 柏拉图，《理想国》
5. 吴良镛，《人居环境科学导论》
6. 李渔，《闲情偶寄》
7. 文震亨，《长物志》

11 吴良镛，人居环境科学导论，北京：中国建筑工业出版社，2006：151.

第二章 城市艺术设计的历史沿革

- 古典时代的城市艺术设计
- 工业革命早期的城市艺术设计
- 城市美化运动时期的城市艺术设计

028 → 079

城市艺术与城市文明一样悠久，它贯穿了人类城市建设的整个历史。从人类建立的第一个定居点开始，艺术就介入了人们的生活（图 2-1，图 2-2，图 2-3）。虽然人类最初的艺术行为和艺术活动只是作为一种符号，来记述自己的生活方式和思想情感，以启示后人如何狩猎、耕种以及生活。但不可否认的是，这些虽不以满足人们审美愉悦为目的的行为却在潜移默化之中促进了人类后来的艺术行为在生活和环境中的发生、发展。

城市作为一种视觉形象的载体，是一切艺术形式和艺术行为的容器。它不仅是集建筑艺术、雕塑艺术、绘画艺术、装饰艺术、公共艺术的综合体，同时又是集历史、文化、地域、气候等物质形态和精神形态的统一体。所以，城市艺术的产生不免要受到政治、经济、文化、地域、审美以及材料等诸多因素的影响和制约。正是由于受到这些条件的限制，才形成了今日蔚为大观、令人叹为观止的多元化城市艺术。

图 2-1 西班牙阿尔达米拉洞窟岩画

图 2-2 法国拉斯哥洞窟壁画

图 2-3 贺兰山岩画放牧狩猎图

第一节 古典时代的城市艺术设计

人类早期的城市是作为一种保护生命财产安全而建立的一个围合体，尚未被提升到艺术的高度。当时的城市艺术主要体现在建筑方面。诚如车尔尼雪夫斯基所说："在艺术与审美起源于使用方面，最古老的见证大概莫过于建筑了。""艺术的序列通常从建筑开始，因为在人类多少带有实际目的的活动中，只有建筑活动有权被提到艺术的地位。"黑格尔也认为，建筑是"最早诞生的艺术"。所以，早期的城市艺术主要体现在建筑本身及其对建筑细部的装饰方面。无论是东方古代的城市还是西方古代的城市皆是如此。

1. 中国古代城市艺术设计

中国作为有着 5000 年文明史的东方大国，不仅在文化艺术上创造了辉煌灿烂的成就，同样，在城市艺术上也留下了极为丰富而珍贵的遗产，并成为与西方城市艺术并足而立的世界两大城市艺术体系之一。中国古代城市作为东方城市艺术的缔造者，其影响波及了整个东亚乃至世界。

中国城市艺术的形成和发展与中国古代的地理环境、产业特征以及在这一条件下所形成的文化观念有着密切的关系。

首先，中国是一个内陆国家，自古以来就形成了稳定统一、自给自足的农业经济以及但求安乐的农业文化体系。而且，中国以农业为基础的社会延续时间极长，并在此基础上形成了稳固的宗法礼教、伦理道德关系及单一文化心理结构。

其次，中国几千年来的民族传统延绵不断，形成了重统一、重团结、重和谐的家国观念。

再次，中华民族在利用、改造、征服自然以及与自然亲近的过程中逐渐形成了“天人合一”的哲学观。

受上述这些因素的影响，养成了中国人尊崇宗法，象天法地以及含蓄内敛、谦和保守的性格。这样的性格自然也会体现在作为造物行为的城市艺术设计之中，使中国古代城市艺术具有如下特点。

1）宗法礼制为重的特点

遵照宗法礼制是中国古代城市艺术设计的主要特征之一。宗法礼制的出现源于中国古代人们对于“天”的敬畏和对“人”的崇敬，进而发展出对以“天子”自居的历代帝王的尊崇。自周代开始礼制就成为影响和制约城市建设的基础，无论是城市的布局、建筑的形制还是城市的色彩都要遵循严格的“礼数”，不可僭越。如《周礼》中就对周王城的形制、规模、道路以及城内的建筑位置、朝向等都做了详细的规定。《考工记·匠人营国》载“匠人营国，方九里，旁三门，国中九经九纬，经涂九轨，左祖右社，前朝后市，市朝一夫”（图 2-4）。《周礼·夏官·司马》载“正朝仪之位，辨其富贵之等。王南向，王公北面东上”。所谓“方九里，旁三门……左祖右社”以及“正朝仪之位”正是中国古代礼制“居中不偏”、“不正不威”在城市艺术上的体现。在这种思想的指导下就形成了影响中国古代城市达 2000 年之久的“方形布局、中轴对称”的大格局。另外在其他古代著作上也有对城市中建筑的大小、色彩做了一一规定的记述：如《礼记·礼器第十一》曰：“天子之堂九尺”。《春秋谷梁传·庄公二十二年》载：“礼楹，天子丹，诸侯黝垩，大夫苍，士黄。”

2）因天时就地利的特点

古代先民在选择栖居地或对居住环境进行规划时，通常将天、地、人“三才”和谐统一的愿望融入其中。这一时期人们在聚居环境的营建上秉承了一种因天之序、约地之宜、利导人和的理念。顺应自然环境，把自己融入自然环境之中，去享受自然的恩赐是古代人们营建栖居环境的普遍思想。这种环境设计思想一方面与中国古代是一个以农业立国的社会形态分不开。农业生产的顺利进行要取决于天时和地利，若风调雨顺、水土丰饶，自然财货富足，生活安逸。反之，则是民有饥馑，野有饿殍。这种对天时、地利的关注和重视深深地植入人们心灵深处，进而影响到人类的其他行为活动。另一方面，在早期的农耕文明时代，社会生产力低下，人与自然抗争的力量十分薄弱。受到经济、技术等因素的制约，人们改造自然环境的能力也是极其有限的。加之，先民对很多自然现象还不甚了解，对自然的认知也只是基于直观的、浅层的把握，这就导致了人们对自然环境的有意识的适应和顺从。出于对自然的依恋与适应，在以人居环境为肇始的中国古代城市艺术营建中极为关注聚居地与自然环境有机结合的关系。在古人的环境观中，自然生态环境的优劣与人的自然及社会生存状态是密切关联的。如《尚书》中就记载了“适山兴王”、“背山临流”的择居思想（图 2-5），体现了上古时代人们对自然的崇拜，认为物华天宝、地凝灵秀之地不仅能够促进族群的繁荣昌盛甚至可以保持国家的长治久安。为了取得最优化的生活环境，先民们从环境的整体性出发，系统考量环境的综合因素来选址营建都城。《诗经》中就记载了周代祖先公刘和古公亶父带领周民因避夏桀由邰迁豳，并依据“负阴抱阳”、“背山临流”的思想在豳地平原择地建都的故事。《诗经 · 大雅 · 公刘》载：“笃公刘，逝彼百泉，瞻彼溥原；迺陟南冈，乃觏于京。京师之野，于时处处，于时庐旅……笃公刘，既溥既长，既景迺冈。相其阴阳，观其流泉，其军三单。度其隰原，彻田为粮。度其夕阳……[1]”这是说公刘带领族人考察高山、平原、水源以及环境的阴阳相背与水源流向来选择适宜建邦设城的地址。同时，《诗经》还记载了周王室相地择居的过程以及王室具体的位置和方向。《诗经 · 小雅 · 斯干》曰：“秩秩斯干，幽幽南山。如竹苞矣，如松茂矣。……似续妣祖，筑室百堵。西南其户，爰居爰处[2]”。《斯干》明确指出周王宫地处泉水清流、林木幽幽的终南山，这里枝柯扶疏，松林茂盛，是宜居的好地方。他们继承祖先的遗愿，在这里盖起千万间宫室，宫室的房屋厢列东西、门窗朝南。《周礼》中也有与此相似的记述，即建屋立舍也要统筹考察环境的整体质量，以获得最佳的居住环境：“惟王建国，辨方正位，体国经野。[3]”“辨其山、林、川、泽、丘、陵、坟、衍、原、隰之名物。”“以土宜之法，辨十有二土之名物，以相民宅而知其利害，以阜人民，以蕃鸟兽，以毓草木，以任土事。”[4]等（图 2-6）。

春秋之时的管子在系统总结前人营建城市思想的基础上，明确地提出了因天时，就地利，出其自然，顺乎规律的城市规划思想。他认为建邦立都必先要勘察地形，并借助优良的地形、地势以利其养。他说：“圣人之处国者，必于不倾之地，而择地形之肥饶者，乡（向）山，左右经水若泽，内为落渠之写（泻），因大川而注焉。乃以其天材、地之所生，利养其人，以育六畜……天子中而处，此谓因天之固，归

---

1 程俊英，十三经译注·诗经译注，上海：上海古籍出版社，2004：449.
2 程俊英，十三经译注·诗经译注，上海：上海古籍出版社，2004：299.
3 杨天宇，十三经译注·周礼译注，上海：上海古籍出版社，2004：129.
4 杨天宇，十三经译注·周礼译注，上海：上海古籍出版社，2004：149.

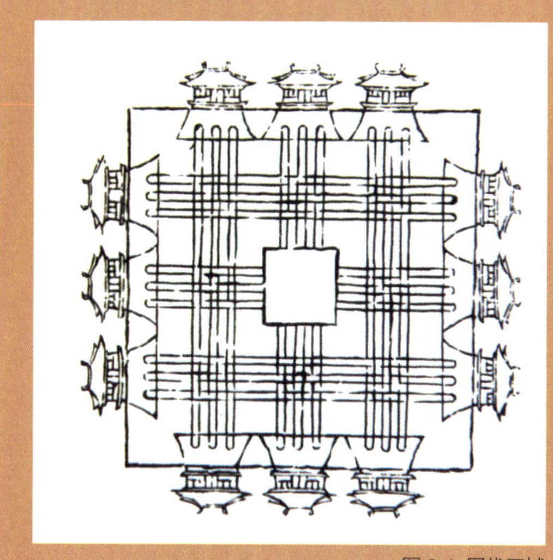
图 2-4 周代王城

图 2-5 适山兴王图

图 2-6 太保相地图

地之利。内为之城，城外为之廓，廓外为之土阆，地高则沟之，下则堤之，命之曰金城[5]。”管子说圣人建立都城在综合考量地形地貌、水土质量以及其他与生产、生活相关因素的基础上选择在地势平缓，土地肥饶，物产丰富，背山临流的地方筑城。利用既有的天时与地理优势来供养国家百姓、繁殖六畜以达到天、地、人的协调发展。为了充分发挥和利用地理优势，最大限度地利用自然功效，充分让自然做功，发挥天时、地利的作用，他又说：“凡立国都，非于大山之下，必于广川之上。高毋近旱而水用足，下毋近水而沟防省。因天时，就地利，故城郭不必中规矩，道路不必中准绳[6]。”管子认为建城立都要选择在大山脚下（即使是平原地区也要尽量选择地势较高的缓坡阶地）抑或是临水之处。地势高度不要因为太高缺水而导致干旱，要确保水源供给充足；也不要因追求近水而过于低洼带来水患。这样既可以防止旱灾发生又能够省去堤防之劳。因地制宜，就地取材，城郭的形制不必受制于既定的制度约束，道路也未必要笔直，而是要与自然环境结合，在综合各种影响生存因素的基础上，依据实际情况因时、因地、因物制宜地确立都城地址。唯有这样才能用力少而财货足，实现和促进社会的可持续发展。管子提出的都城选址“必依山川”和“居高临水”的原则影响到了中国历代都城的选址、规划及其建设。从先秦至明清的都城选址，基本都是在这一框范内进行的。诸如，春秋时期秦国都城咸阳，北依北阪，南临渭水；齐国都城临淄，东以淄水为壕；汉唐长安城，北临渭河，南依终南山，周围有曲流环绕；明清的北京城，北依燕山，西靠太行，东临渤海，

---

5 谢浩范，朱迎平，管子全译，贵阳：贵州人民出版社，2008：560.
6 谢浩范，朱迎平，管子全译，贵阳：贵州人民出版社，2008：43.

前有流经华北平原的永定河、桑干河以及人工运河等水系。从这些都城的选址情况来看无一不遵照“因天时、就地利”的思想。

西汉晁错也提出综合天时、地利、物情等因素来选址建城的原则。他说：“相其阴阳之和，尝其水泉之味，审其土地之宜，观其草木之饶，然后营邑立城，制里割宅[7]。”晁错的建城原则体现出一种总体性和系统性的规划思想，他认为营建城邑以及建造住宅，首先要辩证方位，观其阴阳相背，选择背阴向阳之处定居，以利于抵御风寒；考察水土质量以及适宜的农作物，来促进人体的健康和农业的发展；选择草木丰茂之地，以利于供养人畜，维持人们的可持续发展能力。

3）象天法地的特点

从古代先民营建聚居环境的记载中可以看出，在先民的环境观中除重视对气候、物候以及地形、地貌、水土、植被等物质环境的选择之外，也呈现出对精神环境的关注。随着宗法礼制的发展，古人对精神环境的吁求在某种程度上甚至超越了对物质环境的追求。尤其在天、地、人“三才合一”思维的引导下，人们进一步把社会人事与天地万物的情感结合起来，在人与天地之间寻找内在的精神联系以获得生命的愉悦与精神的慰藉。这种思想是人们在认识世界的能力较为低下时代的本能反应。在古代先民看来，人是宇宙的一部分，人与天地万物是一个有机整体，在天、地、人这个有机统一的整体中，人事活动（主要是与农业生产相关的活动）与天象的运行似乎有着某种密切的关联性。而这种天人之间的关联性也就促使先民以为“社会的人事与天象、自然界的变异间存在着相互感应的关系[8]”。他们认为冥冥之中天道在左右着人们的生产、生活行为，天之象、地之形与人之事都是相互关联的。天象的幻化是人事变化的征兆，人事的变化又是天象变化的映射，受这一思想的影响，先民就在集体无意识中自觉地接受天道自然的支配和统治，并使自身的行为在有意地契合天道规律。以天道的运行来规范人伦秩序，如《易经》所谓：“在天成象，在地成形，变化见也”，“天垂象，见凶吉，圣人象之[9]”。这种对天道尊崇的思想体现在聚居环境的营造上，就是人们有意识地通过模仿宇宙图像，来祈求获得与天地的和谐统一。所以，李约瑟说：“再没有其他地域文化表现得如中国人那样如此热衷于‘人不能离开自然’这一伟大的思想原则。作为这一民族群体的‘人’，无论宫殿、寺庙或是作为建筑群体的城市、村镇，或分散于乡野田园中的民居，也常常体现出一种关于‘宇宙图景’的感觉，以及作为方向、节令、风向和星宿的象征主义[10]。”

7［汉］班固，汉书，北京：中华书局，2005：1755.
8 庄岳，王蔚，环境艺术简史，北京：中国建筑工业出版社，2006：96.
9 黄寿祺，张善文，十三经译注·周易译注，上海：上海古籍出版社，2004：520.
10 转引自王振复，中国建筑文化的历程，上海：上海人民出版社，2000：4.

公元前 514 年，吴相国伍子胥受吴王阖闾之命建造的阖闾城（图 2-7）就是以“法象天地”的思想来造筑城池的典范。《吴越春秋》载：“伍子胥乃使相土尝水，象天法地，造筑大城，周回四十七里。陆门八，以象天八风；水门八，以法地八窗。筑小城，周十里。陵门三，不开东面者，欲以绝越明也。立阊门者，以象天门，通阊阖风也。立蛇门者，以象地户也[11]”。继阖闾城之后，越王勾践亦欲筑城立郭，便委托相国范蠡，范蠡以为：“持盈者与天，定倾者与人，节事者与地……夫人事必将与天地相参，然后乃可以成功[12]。”即保持国家昌盛要效法上天，扶危定倾要效法人事，措施有节制要效法大地……人的行为、活动只有与天地相一致，方能取得成功。在这一思想的指导下，范蠡乃“观天文，拟法于紫宫，筑作小城。周千一百二十二步，一圆三方。西北立飞翼之楼，以象天门；为两虬绕栋，以象龙角。东南伏漏石窦，以象地户。陵门四达，以象八风……臣之筑城也，其应天矣。昆仑之象存焉……上承皇天，气吐宇内，下处后土，禀受无外。滋圣生神，呕养帝会[13]”。自春秋时代“拟天法地”的城市建设思想形成以后，这种思想就贯穿了中国古代城市建设的始终，秦代的咸阳城，汉唐时的长安城以及明清时的北京城，无论是在城市的布局、形制方面，还是城市以及建筑的细部方面，如瓦当、雕塑等，均采用了象天法地的思想（图 2-8）。

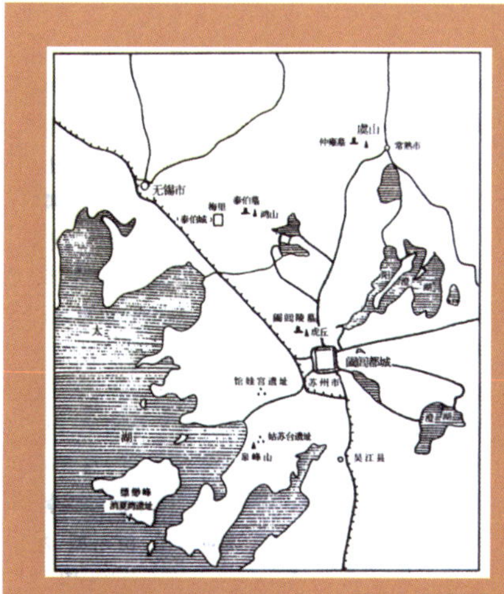

图 2-7 阖闾城

图 2-8 瓦当

11 张觉，吴越春秋全译，贵阳：贵州人民出版社，1993：96.
12 黄永堂，国语全译，贵阳：贵州人民出版社，2009：582.
13 张觉，吴越春秋全译，贵阳：贵州人民出版社，1993：316.

4）和而不同的特点

在中国古代城市中，除宫殿、衙署、民居作为构成城市的主体元素以外，随着城市经济的发展以及市民文化生活的需要，城市的构成元素逐渐丰富起来，如钟楼、鼓楼、塔寺、楼阁、牌楼、华表、影壁以及景观绿化等被引入城市，并成为中国古代城市艺术的标志物。这些标志物在城市中的位置并不是随意安放的，而是经过悉心的选择，在空间布局上能与城市的街道、广场、宫衙形成一种对景或借景的视觉效果。例如：钟鼓楼一般位于城市的中轴线上，或横跨主要街道，或位于城市主干道的交叉口，成为城市大空间构图的焦点。在视觉上与城门、宫殿或衙署形成对景（图 2-9）。塔作为佛寺的附属物，原先只建在寺内，后来塔与寺分离成为一种象征性的构筑物，并依据“风水”的原理建在城市的最高处或河湾处，成为镇市之物。如杭州的六和塔、云南大理的千寻塔（图 2-10）。楼阁是楼和塔的混合体，是一种具有独立文化功能的建筑物，也是文人墨客登高游览，畅述幽怀之地，它的位置与塔一样，通常建在城市主干道旁或临水之处，如岳阳楼、黄鹤楼、天一阁、文昌阁等（图 2-11）。牌楼作为中国古代城市的一种标志性建筑物，本身具有纪念、

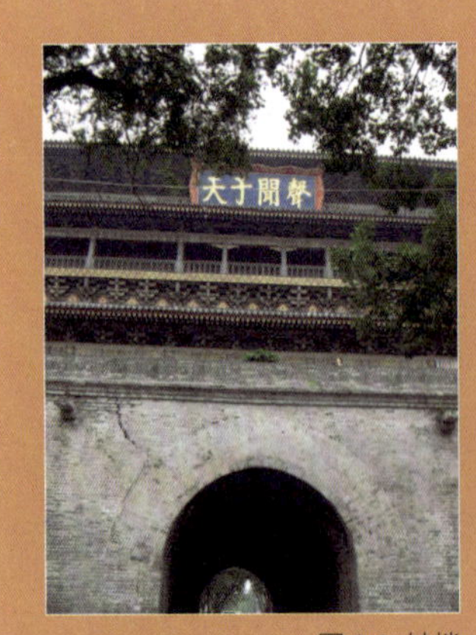

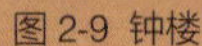

图 2-9 钟楼

图 2-10 大理三塔

图 2-11 黄鹤楼

表功和装饰的作用。一般被放置在一组建筑的最前面，或者立在一座城市的市中心，通衢大道的两旁。上面雕刻龙凤犀象之类的吉祥图形，对于划分和控制城市空间，提升城市以及建筑群体的艺术魅力具有重要的作用（图 2-12，图 2-13）。上述这些不同的建筑物、构筑物共同构成了城市的整体，它们彼此共存、相得益彰，不仅丰富了城市的细部，同时也擢升了城市的文化品位和艺术品质，使城市变得“有血有肉”。

图 2-12 宋画中的牌坊

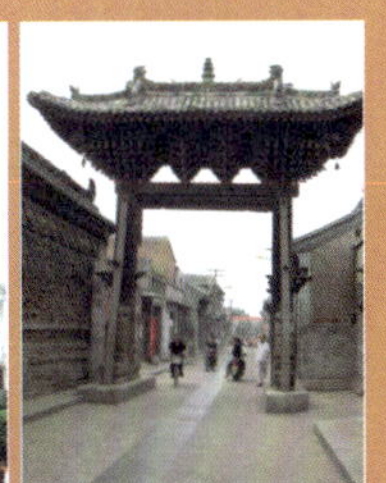

图 2-13 牌坊

（1）汉唐时期的城市艺术。

西汉和隋唐时期均定都长安。西汉的长安城在形制布局上基本符合《考工记》“面朝后市”的规制。城市平面大体近似方形，面积 36 平方千米，每面城墙长约 6 千米，各边开 3 个城门，每个城门设 3 个门道。由于城池北临渭水，南部的长乐、未央两宫东西错列，故而，形状不甚规整，除东面城墙比较端直外，其余三面均有曲折（图 2-14）。王莽时期，又在长安城南部增建了明堂、辟雍以及灵台等礼制建筑（图 2-15）。隋唐时期的长安城在汉代的基础上进行了扩建。从原来的 36 平方千米增加到 83 平方千米，成为当时世界上最大的城市之一。隋唐长安城的布局基本上沿袭了汉代的形制，并遵照《考工记》的匠人营国原则，具有明确的中轴线和严谨的对称结构。但隋唐的城市在整体规划上并没停留在汉代，而是进行了创新

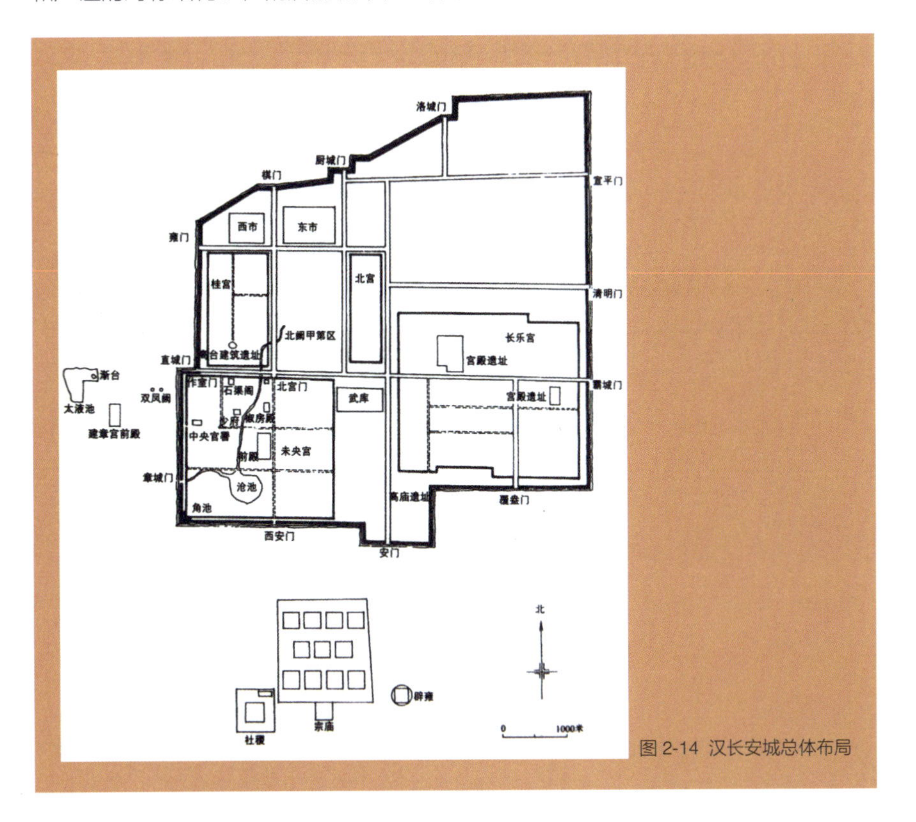

图 2-14 汉长安城总体布局

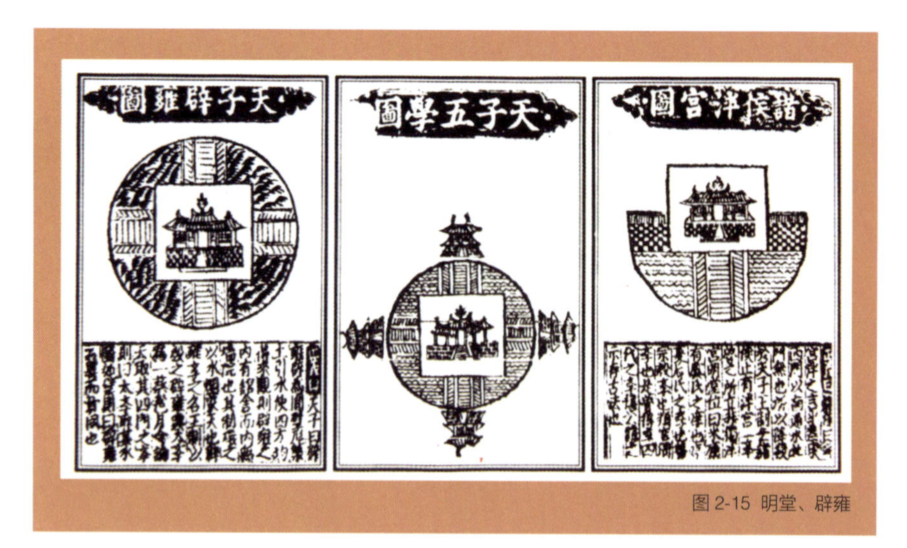

图 2-15 明堂、辟雍

和改进。首先，摆脱了“面朝后市”格局的束缚，皇城位于城市北部的山岗上，统摄全城。其次，改变汉代长安城“宫室与百姓杂居”的特点，将皇城之外的地区划分成布局方正的 110 个坊，作为居住区。借用“天人合一”、“天人感应”的思想，将 110 坊分为 13 排，以象征一年 12 个月加闰月。皇城南面 4 行坊象征四季，并以兽中四灵即青龙、白虎、朱雀、玄武命名街道和城门。再次，随着经济的繁盛以及人们追求“所营唯第宅，所务在追游。朱门车马客，红烛歌舞楼”的升平景象。在庞大的城区内建设了很多独具特色的园林、宅邸以及寺院（图 2-16，图 2-17）。另外，人工引水入城以及对绿化的重视也是当时长安城的一大特色，这些多样化的城市元素不仅丰富了城市空间的视觉形态，同时也进一步美化了城市景观。为后来的城市艺术设计积累了丰富的经验。

2-16 《虢国夫人游春图》

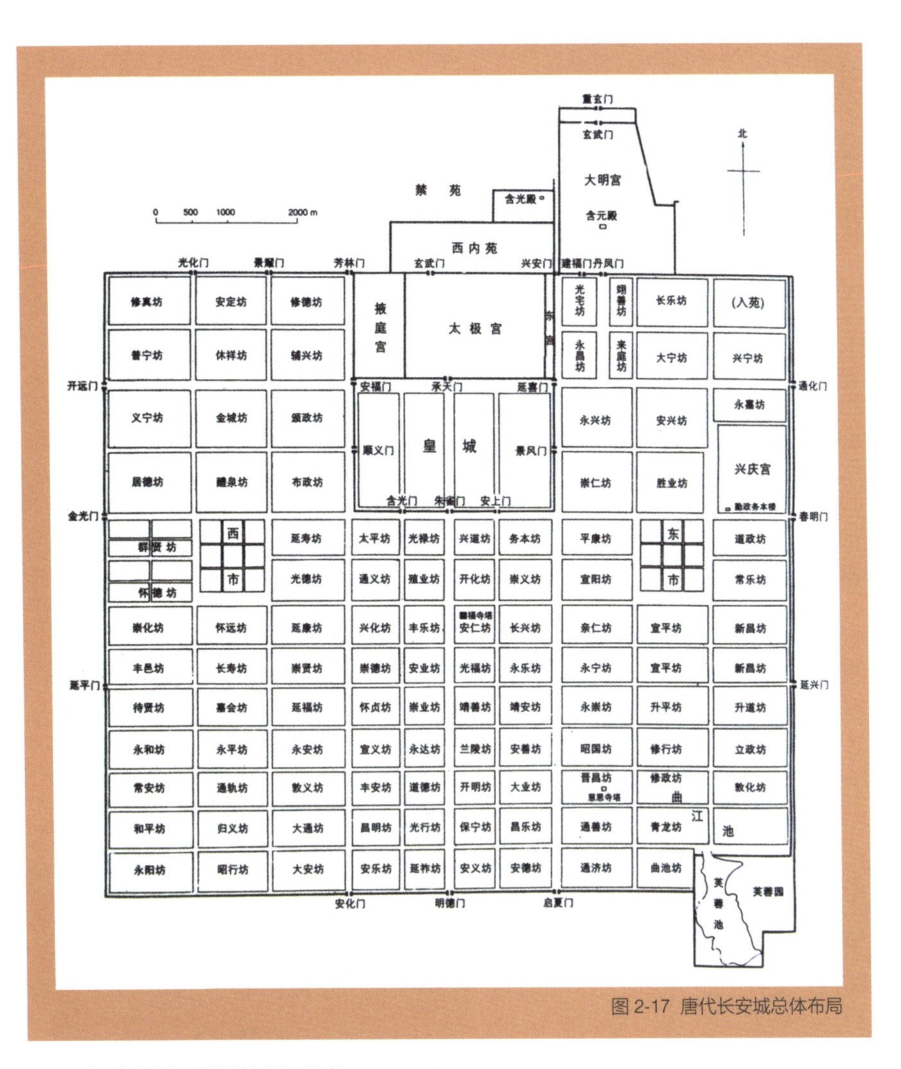

图 2-17 唐代长安城总体布局

（2）两宋时期的城市艺术。

两宋时期社会相对稳定，农业迅速恢复，手工业发达，商品经济繁荣，市井文化勃兴，教育也空前普及，科举制度较之唐代更为开放和平等，造就了中国历史上最大的士人阶层。在这一时期，无论是经济、科技还是文化、艺术都达到了中国封建社会发展的最高阶段。历史学家陈寅恪曾称两宋为“华夏文化，历数千载之演进，造极于赵宋之时[14]”。宋代文化艺术的空前繁荣以及士人阶层审美意识的普遍提升，对当时的城市艺术建设也产生了深远的影响。城市艺术风格在继承汉唐时代雄伟、豪迈风格的基础上，更注重城市细部的经营与推敲，使城市风格趋于秀美多姿、柔和绚丽。

14 转引自庄岳，王蔚，环境艺术简史，北京：中国建筑工业出版社，2006：129.

北宋的都城没有沿用汉唐时的长安或洛阳，而是沿袭五代的旧都汴京。其宏伟程度及完整性虽逊于汉唐，但却不拘一格地改变了传统的都市营建手法，成为一种新的模本。首先，打破汉唐时代的城市布局，采用外城、内城、宫城三城相套的格局（图 2-18），并按照《考工记》所载的理想城市，将宫城从位于城市北部的位置移至城市中央地带。城市以直通三城的御街为中轴线，左右为衙署，在宫廷正门外建阙楼和千步廊，以营造宫前广场高潮迭起的视觉效果。这种布局模式也成为宋代其他地区，如平江城（图 2-19）和后来元明清时代北京城效仿的典范。

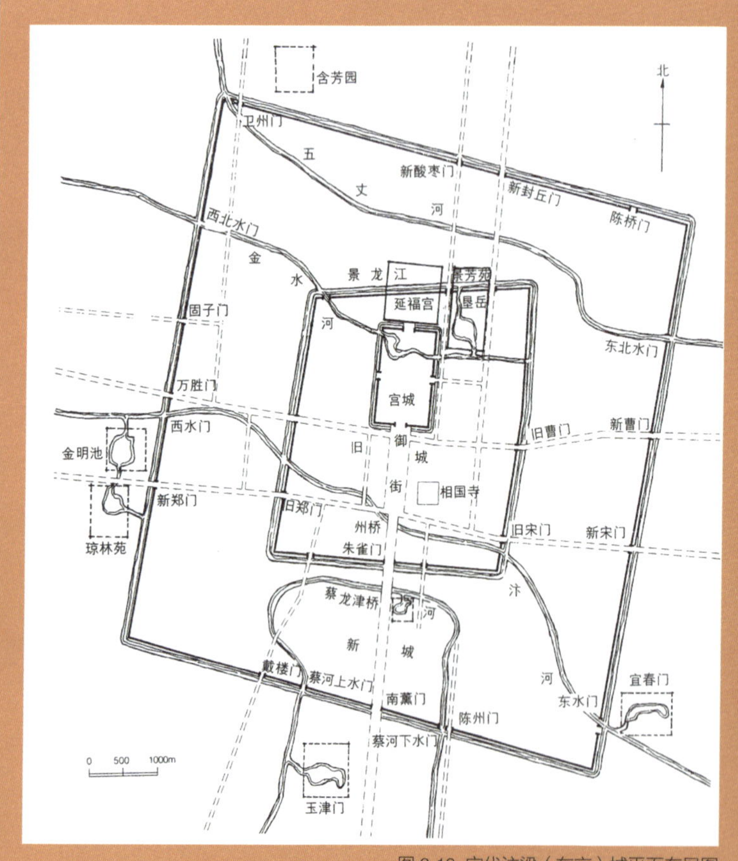

图 2-18 宋代汴梁（东京）城平面布局图

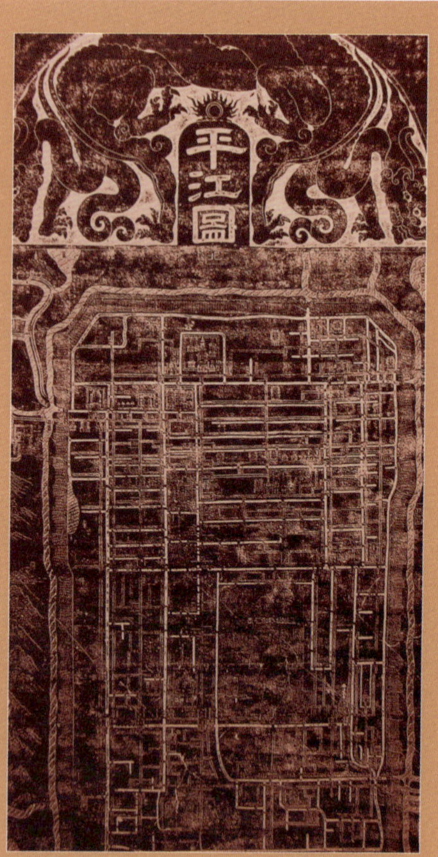

图 2-19 宋代平江府

其次，宋代出现了中国最早的文艺复兴思潮。这种思潮是从文学和艺术家开始的，他们提出散文、诗歌、绘画要具有人文气质，体现对人的关怀。这种人文思潮自然也反映在城市艺术上。其中最重要的一点就是宋代城市突破了唐代的“坊”、“市”分离制度，“坊”、“市”合一使人们的日常生活变得更加方便和更具人情味。宋代以前，城市居民被封闭在狭小的里坊之内，坊间由墙分割，大街上坊墙之间不见居户。“市”被局限在某几个坊内，晚间全城宵禁，所有商业活动一律停止，入夜之后城市一片死寂。宋代取消了里坊和夜禁的制度，形成了按行业成街的布局形式，酒楼、邸店以及各种娱乐场所遍布东京城，交易从五更开始一直持续到晚上，有的还通宵达旦营业，“大抵诸酒肆瓦市，不以风雨寒暑，白昼通夜，骈阗如此[15]”。此外东京城内还出现了最早的公共剧场“瓦肆”，即专门供市民和文人墨客聚会娱乐的场所。在徽宗时期“瓦肆”在东京城有六处之多，当时的很多艺伎，如李师师等均在此演唱。由此可见东京城的繁华景象已是前朝无法比拟的（图 2-20）。

图 2-20 张泽端《清明上河图》描绘的繁华的宋代城市

再次，宋代都城非常注重城市景观和街道绿化、美化。《东京梦华录》记载，宫城宣德门外御街两侧遍植各色花卉，“坊巷御街，自宣德楼一直南去，约阔二百余步，两边乃御廊。……御沟水两道，宣和间，尽植莲荷，近岸植桃、李、梨、杏，杂花相间，春夏之间，望之如秀”。城内的其他街道也垂杨紫陌，“出朱雀门……夹岸垂杨，菰蒲莲荷，凫雁游泳其间，桥亭台榭，棋布相峙”，产生了高低不同的城市景观层次。另外，周围 50 里的护城河畔也种植桃李榆柳，形成了巨大的城市绿化带。东京（汴梁）这些优美的城市景观在张泽端的《清明上河图》以及王希孟的《千里江山图》和宋代的界画中均有表现（图 2-21，图 2-22）。

15 ［宋］孟元老，东京梦华录，郑州：中州古籍出版社，2010：54.

图 2-21 宋代城市街道绿化

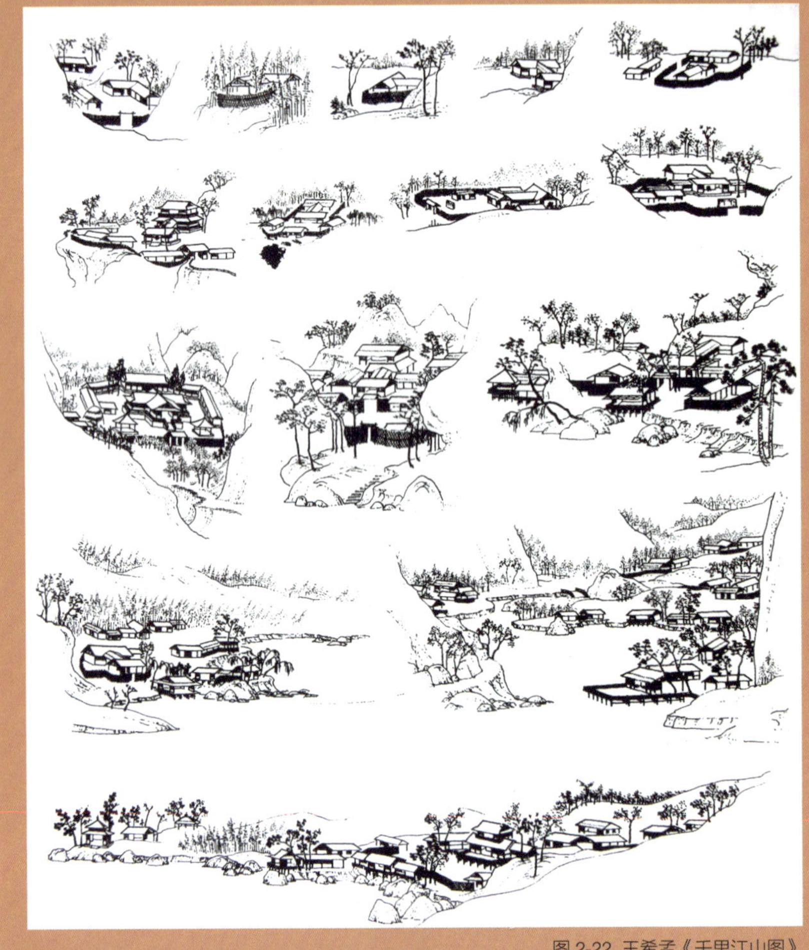

图 2-22 王希孟《千里江山图》

（3）明清时期的城市艺术。

明清时期的城市艺术沿袭唐宋传统道路继续向前发展，并取得了辉煌的成就。明清时期，其城市无论是在技术上还是艺术上都趋于完备，形成了中国古代城市建设艺术史上的最后一个高峰。作为金元明清四朝都城的北京是当时城市艺术的集中体现。

明清之际，中国社会出现了资本主义的萌芽，千余年的封建统治即将崩溃。统治阶层为了维护和巩固其政权，统治者大力推崇儒家的伦理文化和封建礼教。这一思想也明显地体现在城市艺术的建设上。《考工记》所载的“匠人营国”是一种理想的城市形态，汉唐时期的长安城只借用了其中的一部分，到明清时期，可以说是完全按照《考工记》的规划思想进行设计的。皇权至上，是明清时期北京城规划的核心思想。为了体现皇权的威仪并符合礼制建筑的规范，城市的设计者将宫城、皇城、内城放置在一条贯穿整座城市、长度达 7.8 千米的中轴线上，而且，所有的宫殿衙署都位于这条中轴线或沿中轴线依次列开，从而形成了整齐严肃的城市面貌。这条中轴线南端始于外城的永定门，自永定门向北经一条东有天坛、西有先农坛的笔直大道，直抵内城的入口——正阳门。正阳门与色彩绚丽的五开间牌楼和护城河上的汉白玉石桥相映生辉。河内侧，箭楼与正阳门形成鲜明对比。正阳门纯以砖石筑成，坚固凝重；箭楼则为木框架结构，雕梁画栋、富丽堂皇。穿过正阳门即抵皇城的第一道门大明门（清代改为大清门），自大明门（大清门）北向而行是一条平直的石板路，两侧为千步廊。路的尽端为巍峨壮丽的天安门，红墙、黄瓦与五座白石桥交相辉映，天安门两侧辅以华表、石狮装饰。经天安门北行是宫城的正门——午门。午门的造型类似唐代的大明宫。午门的城墙上建五座庑殿顶城楼，构成庄严华美、气度非凡的五凤楼。午门内为三大殿，即太和、中和、保和殿。太和殿重檐庑殿顶，高 33 米，彩绘、黄瓦、红柱，金碧辉煌。殿前装饰日晷、嘉量、铜龟、铜雀等物。穿过三大殿后到达内朝，至神武门出宫。神武门北侧为高约 500 米的景山，上建数亭，作为北京城的制高点，可俯瞰全城。出景山向北即是皇城的北门——地安门，它与中轴线上最北端的钟楼和鼓楼遥遥相望，两楼遂成为全城中轴线上建筑的终点[16]（图 2-23，图 2-24）。

从北京城的建设格局来看，它的艺术性在于，一方面是通过平面布局的纵横开阖与立面建筑的高低错落来营造一种富有变化的空间形态；另一方面是通过采取中轴线上主体建筑与次要建筑以及装饰建筑的有机结合造就了一种统一中寓于变化、严肃中寓于情趣的多变视觉形态（2-25，图 2-26）。

16 中央美院美术史系中国美术史教研室编，中国美术简史，北京：高等教育出版社，1990：203-204.

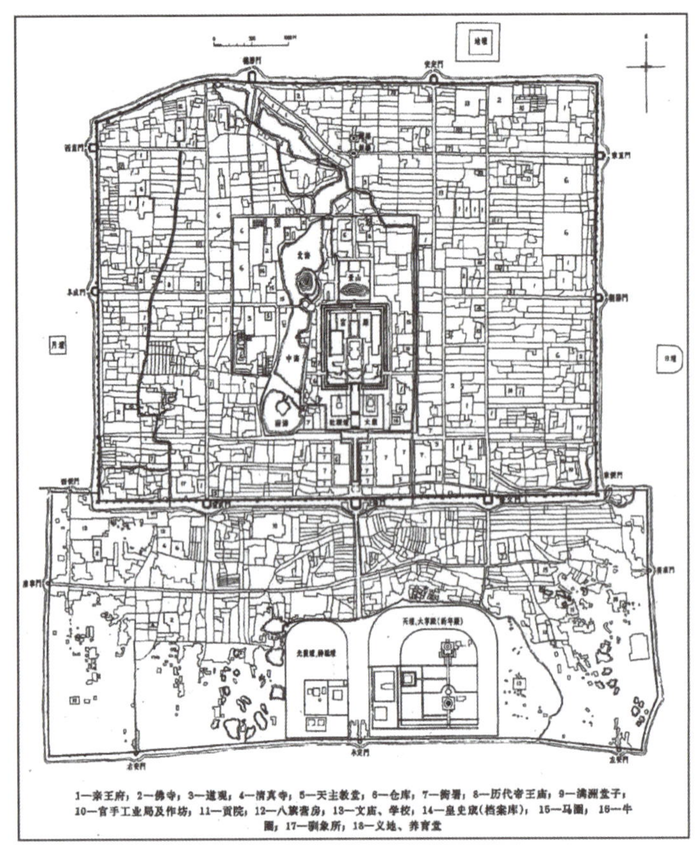

图 2-23 北京平面布局图

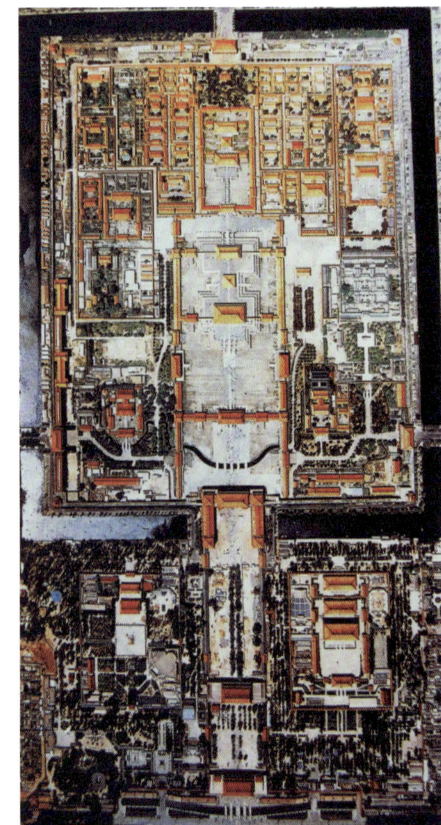

图 2-24 故宫平面图

2-25 故宫鸟瞰图

图 2-26 故宫立面图

2. 西方古代城市设计艺术

1）两河流域的城市艺术设计

两河流域是指美索不达米亚平原上的幼发拉底河和底格里斯河（位于今伊拉克一带）地区（图 2-27）。这里自然地貌平旷，商业发达，是人类文明的发祥地之一。《圣经》中记载的“伊甸园”以及“巴别塔”（图 2-28）就产生在这片曾经富饶和生机勃勃的土地上。另外，两河流域也是人类第一部法律——《汉谟拉比法典》的诞生地。早在 5000 年以前这里就形成了最早的以农业为主的固定居民点。定居的农业民族的出现为城市的诞生奠定了基础。公元前 3500 年，苏美尔人从中亚经伊朗迁徙至此建立了人类历史上的第一批城市。由于民族迁徙、交流频繁，从公元前 3500 年至公元前 539 年，这一地区先后建立起了以下王国。

苏美尔 - 阿卡德王国（公元前 3500—公元前 2000）；

巴比伦王国（公元前 1900—公元前 1600）；

亚述王国（公元前 1000—公元前 612）；

新巴比伦王国（公元前 612—公元前 539）。

这些王国都创造了辉煌的城市艺术，尤其是在城市建设、宗教建筑和宫殿建筑方面更是独树一帜。

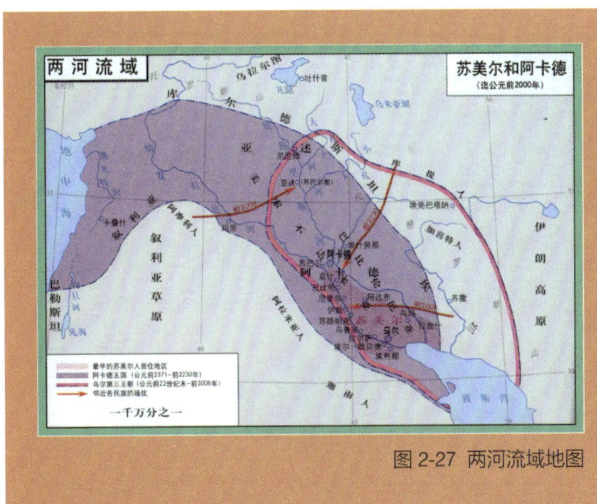

图 2-27 两河流域地图

图 2-28 巴别塔

苏美尔人是两河流域最古老的民族之一。早期的苏美尔人并没有形成统一的国家，而是由许多相互独立的城邦“国家”构成，城邦之间为了争夺水源和财富连年征战。公元前 2305 年被来自北部平原的阿卡德人所灭。阿卡德（Agade）人首领萨尔贡（Sargon）以两河流域之间的阿卡德为首都建立帝国，统治整个苏美尔地区。公元前 2112 年阿卡德帝国受到来自伊朗高原的古蒂族（Gutaeans）的攻击，为抵御外侮消耗了大量的物力财力，致使国力日渐衰微。苏美尔人首领乌尔纳姆趁阿卡德帝国动荡之际，在拉迦什地区重整旗鼓，并建立起了苏美尔王国，出现了近一百年的苏美尔文化复兴。

地处两河流域的苏美尔地区是一片河沙冲积平原，这里缺乏用于建造房屋的优质木材和石材。苏美尔人因地制宜、就地取材，用当地特有的材料——黏土和芦苇混合制成的土坯作为主要的建筑材料。而两河流域下游在夏季多暴雨，建筑物的防水成为主要问题。由于中亚地区盛产石油，当地人就将石油干涸后形成的沥青涂抹在墙壁下方形成墙裙，来保护土坯墙面免受雨水侵蚀。为了美观，也为了防止沥青受阳光曝晒后融化，人们又从河中捡拾贝壳、彩色石子等贴在沥青层上，形成色彩斑斓的装饰图案。但是石子和贝壳容易脱落，为了延长墙体的寿命，当地人从烧制陶器的生活经历中获得灵感，他们将烧制的特殊陶钉[17]在趁土坯墙尚未干透的时候嵌进墙里。虽然陶钉取代了石子和贝壳，但将其作为一种装饰图案的做法却保留了下来。为了美化墙面，当地居民将陶钉的端面涂上红、白、黑等釉色来拼成各种动物或植物形的抽象图案。

公元前 3000 年左右，苏美尔人又在烧制陶器的过程中无意间发明了琉璃。与陶钉、贝壳、石子相比琉璃不仅色泽艳丽，而且防水性也更胜一筹。此后，琉璃装饰逐渐取代陶钉成为亚述和巴比伦等两河流域城市及建筑装饰的主要材料（图 2-29）。

在这一时期，苏美尔人的绘画以及雕刻艺术也是相当发达的。从乌尔城出土的军旗可以看出，在涂有沥青的木板上用贝壳、绿色岩石以及粉红色岩石镶嵌成战争和庆贺的场面。场景中的人物、动物和器物安排得有条不紊。人物形象以侧面、正身、侧足为主，倾向于平面绘画。色彩对比强烈，四周和各层之间有几何形的装饰，很像一幅挂毯，具有浓厚的装饰韵味（图 2-30）。在雕刻方面，苏美尔人的圆雕、浮雕技术娴熟，工艺精湛。他们虽然对物体的形态、结构、动作不太关心，但对头部的刻画则是相当深入的。诸如《纳拉姆辛浮雕石板》刀法虽然简练、质朴，但形象栩栩如生、活灵活现（图 2-31）。苏美尔人并没有将这些雕刻和绘画技艺仅仅停留在纯粹的审美层面，而是将其与墙面装饰相结合，发展成一种实用的艺术。

---

17 这种陶钉长约 12 厘米，钉头为圆形或方形。

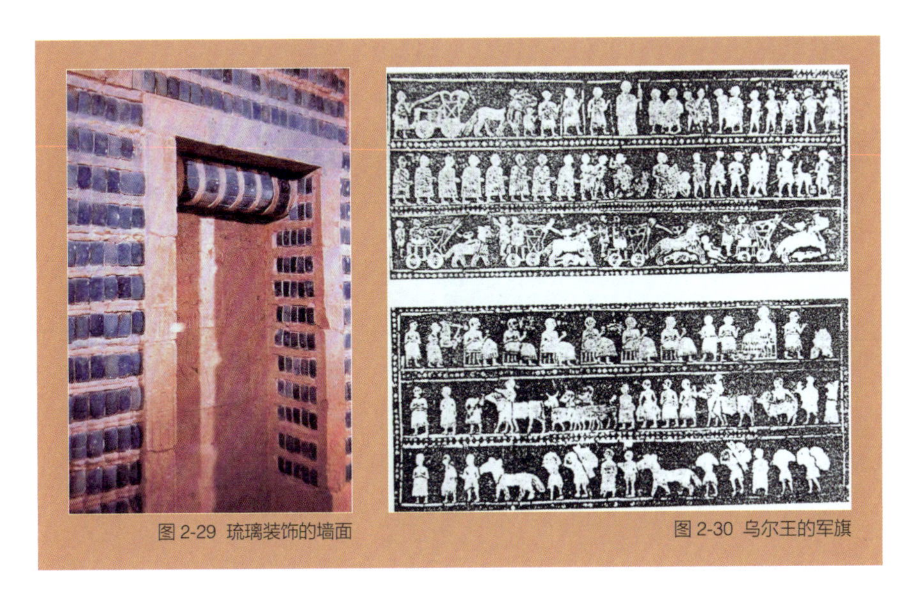
图 2-29 琉璃装饰的墙面

图 2-30 乌尔王的军旗

考古发现，在奥贝德的一处神庙综合运用了绘画、雕刻、陶钉、琉璃以及石子和贝壳镶嵌等多种装饰手法和题材。在墙裙和柱的下半部，等距离地雕刻出薄薄的突出体，表面有陶钉的玫瑰形底面组成红、白、黑三色图案。墙裙之上有一排小小的龛，龛里放置着木胎的、外包铜皮的雄牛像。龛上有三道横向装饰，下面有一道镶嵌铜质的牛像，上面两道在涂有沥青的底子上用贝壳粘贴成牛、鸟、人物以及神像等图形[18]。门廊有一对木柱和石柱。木柱外包一层铜皮，石柱下方用红玉石和琉璃按照一定的规律排列成波浪形、菱形或“回”字形的几何图案。这种色彩斑斓的几何形马赛克图案成为两河流域乃至整个西亚地区特有的装饰形式，历经千年而不衰（图 2-32）。

图 2-31 纳拉姆辛浮雕石板

图 2-32 乌鲁克的墙面装饰

18 陈志华，外国建筑史，北京：中国建筑工业出版社，2003：18.

大约在公元前 2006 年前后，苏美尔 - 阿卡德王国解体，首都乌尔城遭到毁灭性破坏。后来由于幼发拉底河改道，被彻底废弃，苏美尔再次陷入纷争。几经兵燹战火、刀光剑影之后，公元前 1000 年左右，生活在底格里斯河上游亚述高原的闪米特人征服了两河流域以及埃及，统一了西亚，并建立了盛极一时的亚述王国，此后亚述王国统治两河流域达 400 年之久。

亚述人不重来世，不修陵墓，他们的城市艺术多见于豪华的宫殿及其细部装饰。每一代国王都大兴土木，建造宫室，这一时期两河流域出现了历史上最为富丽宏伟的宫殿和城市。1843 年法国外交官兼考古学家 P.E. 博塔在豪尔萨巴德发现了亚述国王萨尔贡二世的王城。这座王城平面近似方形，面积大约 3 平方千米。城市周围用大约 50 米厚、20 米高的墙围合，四面共开设七座城门。王宫位于王城的西北角，建在一个高 18 米、边长 300 米的方形土台上。宫殿占地面积 17 公顷，由 30 个内院和 210 个房间构成（图 2-33）。历时 7 年方才竣工。

宫殿的入口大门采用拱形结构，宽 4.3 米，琉璃饰面。墙裙高 3 米，由石板砌成，上做浮雕。两侧有高大的塔楼。在门洞两侧和塔楼转角处矗立着高度为 1.8 米[19]，象征智慧和力量的带翼人首兽身像。人首兽身像侧面为浮雕，正面为圆雕，长有 5 条腿，正面两条、侧面四条，转角处一条在两面共用。可从正面、侧面两个方向观看，气势雄伟，构思奇特。除大门和宫墙之外，萨尔贡二世王宫的其他重要建筑也都大量使用石板浮雕来装饰，如，从城门通向王宫正殿的甬道以及宫室的墙裙上雕刻着高达 2 ~ 3 米的浮雕，构成了极为壮观的建筑装饰（图 2-34，图 2-35）。

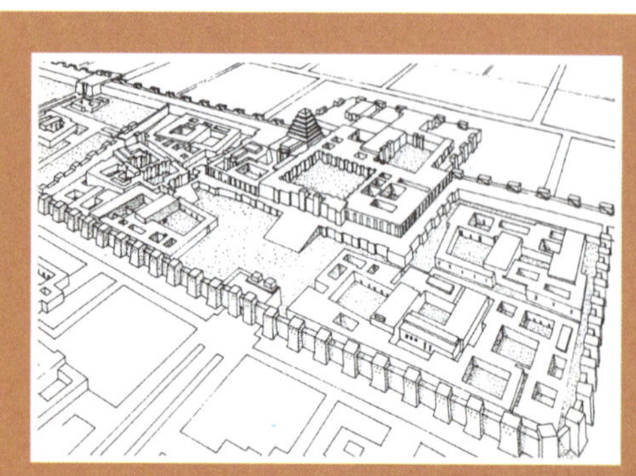

图 2-33 萨尔贡二世王宫

图 2-34 萨尔贡二世王宫城门

公元前 689 年，巴比伦王国被亚述军队彻底摧毁，但巴比伦人并未停止对亚述人的反抗。公元前 612 年，生活在巴比伦的迦叶勒底人联合伊朗高原的米底人攻陷亚述首都尼尼微，于是亚述灭亡。巴比伦复国，并重建了巴比伦城。在新巴比伦王

19 其中最大的一尊高达 4 米，重 25 吨。

国第二任国王尼布甲尼撒的统治下，新巴比伦城跃升为西亚地区最大的政治、经济、文化、贸易和手工业中心。

新巴比伦城平面近似方形，长 11 英里（约 17.7 千米），幼发拉底河穿城而过。

图 2-35 王宫台阶及甬道两侧的浮雕

出于防御的需要，城市有两道厚度为 6 米、间隔为 12 米的城墙围合。城墙的宽度足够一辆四乘战车在上面驰骋。城墙每隔一段距离设有塔楼。城墙外面是一条与幼发拉底河连通的护城河，河上架有九座浮桥通向九个城门。各道城门分别用巴比伦的神祇命名（图 2-36）。其中，北门是新巴比伦城的正门，这是一座高大雄伟的双重拱形大门，两边是高达 23 米的四座望楼。大门及两边望楼的墙上覆盖着彩色的琉璃砖，蓝色的背景上用黄色、褐色、黑色镶嵌着狮子、公牛和神兽浮雕，黄褐色的浮雕和蓝色的背景构成鲜明的对比，具有强烈的装饰效果[20]。国王尼布甲尼撒在城门上如此写道："我们在门上放了野牛和凶残的龙作为装饰使之豪华壮丽，人们注视它们时都会充满惊异之情[21]"（图 2-37）。为了体现城市的豪华和奇异，王宫的内墙上同样也布满了彩色琉璃砖以及各种植物和动物的图案（图 2-38）。

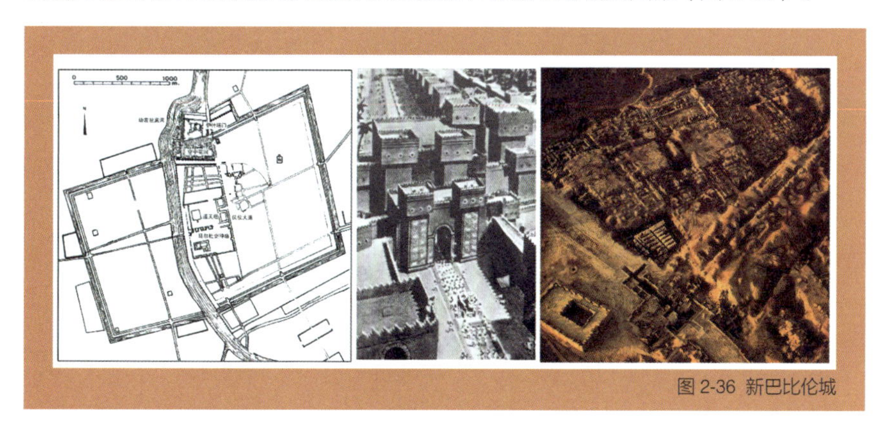

图 2-36 新巴比伦城

20 外国美术简史，中央美术学院美术史系外国美术史教研室编，北京：高等教育出版社，1998：7.

21 转引自 [美] 布朗编，李旭影等译，美索不达米亚—强有力的王国，北京：华夏出版社，2002：187.

在新巴比伦城的西侧，国王尼布甲尼撒为来自伊朗的王后阿米娣斯修建了一座用于休闲娱乐的宫廷苑囿，即被称为世界七大奇迹之一的巴比伦“空中花园”（图 2-39）。这座花园是利用建筑屋顶做成的台地园，边长 120 米，高 50 米。在台阶状的平台上覆以厚土，栽植各种乔木、灌木以及蔓生植物，并用机械臂引幼发拉底河之水灌园，形成跌水。由于植物遮盖住了建筑的墙体，远远望去如同悬浮在空中的花园，因此而得名。

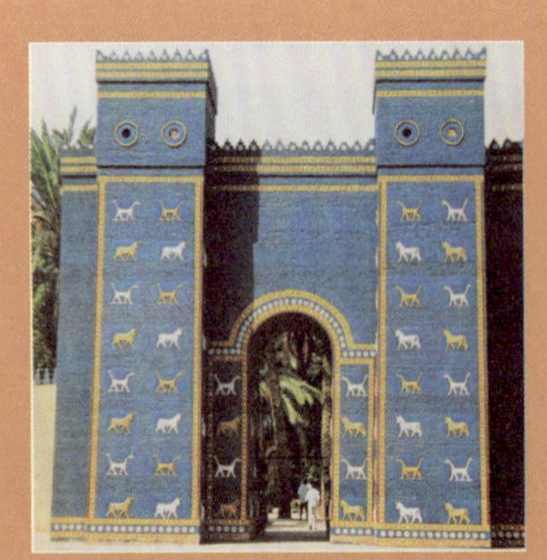

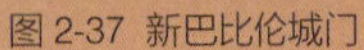

图 2-37 新巴比伦城门

图 2-38 新巴比伦城宫殿建筑装饰

图 2-39 空中花园

从两河流域的城市建设艺术来看，自苏美尔时代到新巴比伦时代，城市虽然在兵燹战火和朝代更迭中不断地焚毁、重建，但两河流域的人们并没有把城市仅仅只当作一种物质载体，而是把生活环境当作一件艺术品来修饰美化、悉心经营，创造了一种虽然朴实，但却富丽的城市艺术形式。

2）古希腊的城市艺术

古希腊是欧洲文化的发源地，古希腊人在科学、哲学、文学、美学以及艺术和设计上都创造了辉煌的成就。对欧洲，乃至世界文化的发展都产生了深远的影响，恩格斯曾说："没有希腊、罗马奠基的基础，就不可能有现代的欧洲"。古希腊作为欧洲文明的摇篮和西方艺术的源头，它是历史上最早对城市概念做出阐释的民族，同时也是最早将城市从自然行为提升到设计行为和艺术行为的国家之一。古希腊人认为城市是一个为着自身美好生活而保持很小规模的社区，社区的规模和范围应当使其中的居民既有节制又能自由自在地享受轻松的生活[22]。正如亚里士多德所说："人们聚集到城市是为了生活，期望能在城市中生活得更好"。为了实现美好的生活愿望和享受愉悦的生活状态，古希腊人极力地将文化、艺术融入自己的生活环境，创造了一种高贵典雅的城市艺术。古希腊的城市艺术集中了包括建筑、雕塑、绘画等各种艺术形式的精华，不仅代表了古希腊的文化、艺术，更当之无愧地成为欧洲城市设计的指明灯。诚如马克思所说："它们仍然能给我们以艺术享受，而且，就某方面来说，还是一种规范和高不可及的范本[23]。"

古希腊城市艺术设计的成就主要体现在五个方面，即柱式、雕塑、广场（剧院）、建筑以及城市规划的发展上。这五个方面并不是孤立的，而是相互渗透，彼此之间融合的。由于古希腊是一个追求人文主义、理性思辨和美学至上的民族，尤其注重人体美和比例美，这成为影响古希腊城市艺术的主要因素。要了解古希腊的城市艺术就必须深入地剖析这一美学观念和美学特征。

古希腊对人体崇拜的思想与其社会历史、民族特点以及自然条件有关。首先，城邦的奴隶制民主政体为文化艺术的发展提供了有利的条件。其次，希腊各城邦是一个依靠航海和贸易发展起来的国家，所以城邦要求公民必须具有坚强健硕的体格和机智敏感的心灵。这就造就了古希腊对人性的讴歌和对人体的崇拜。如当时希腊的国歌里就有："世间有许多奇迹，人比所有的奇迹更神奇。"希腊的最高行政长官伯里克利甚至说："人是第一重要的，其他一切成果都是人的劳动果实。"古希腊的大雕塑家菲迪亚斯也说："再没有比人类形体更完善的了，因此我们把人的形体赋予我们的神灵[24]。"受这一思想的影响，古希腊的城市与人体进行了紧密的结合。不仅在城市、建筑的尺度方面确立了以人为基准的比例关系（图 2-40），而且还将人体形态融入到了柱式以及建筑之中。如罗马建筑师维特鲁威在转述古希腊人的理论时就说："建筑物……必须按照人体各部分的式样制定严格的比例"（图 2-41，图 2-42，图 2-43）。

---

22 张京祥，西方城市规划思想史纲，南京：东南大学出版社，2007：7.
23 马克思恩格斯全集，第二卷，北京：人民出版社，1972：114.
24 陈志华，外国建筑史，北京：中国建筑工业出版社，2003：32.

18 世纪的法国艺术史学家柯尔曼在《论模仿希腊绘画和雕塑》中说道："古希腊艺术杰作的普遍优点在于高贵的单纯和静穆的伟大。"他所说的这种单纯与伟大集中体现在古希腊早期形成的两种柱式——多立克和爱奥尼亚中。维特鲁威说多立克柱式模仿男人体，爱奥尼亚柱式模仿了女人体。从外形上看，这两种柱式无论是从整体还是从局部确实表现着刚劲雄健和清秀柔美两种鲜明的性格。在

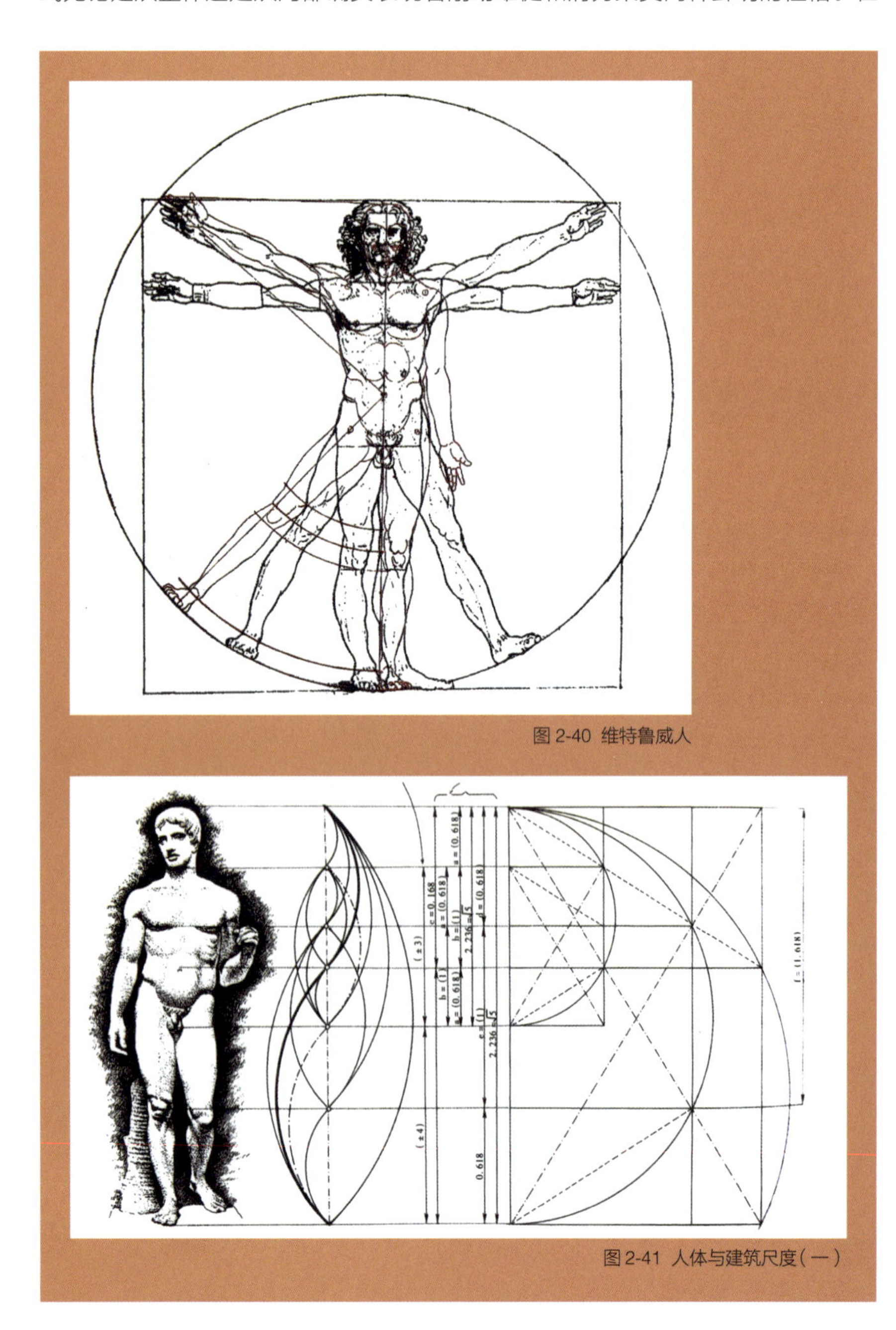

图 2-40 维特鲁威人

图 2-41 人体与建筑尺度（一）

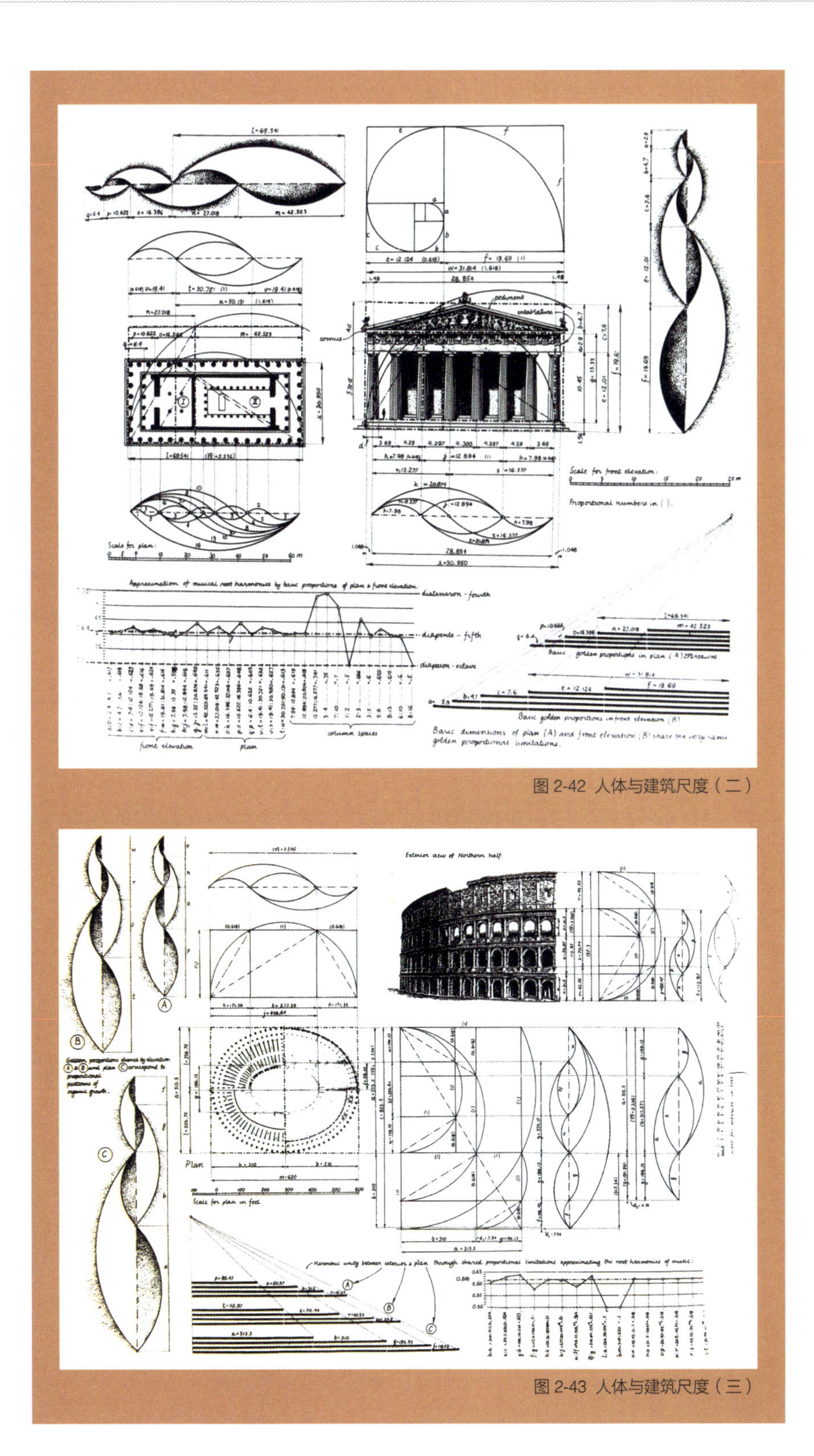

图 2-42 人体与建筑尺度（二）

图 2-43 人体与建筑尺度（三）

泛希腊化[25]时期（即希腊晚期），又产生了第三种柱式——科林斯柱式。科林斯柱式是从爱奥尼亚柱式发展而来的，形态变得更为华丽、纤细、修长，柱头为一盛装花篮，整个形态更具女性美。这三种柱式共同代表了古希腊的艺术成就，并贯穿整个欧洲建筑艺术与城市艺术的演进全程（图 2-44）。

图 2-44 古希腊三套柱式

影响古希腊城市艺术的另一个因素是对比例的认知。这一观念与当时初步发展起来的自然科学和相应的理性思维有关。古希腊哲学家毕达哥拉斯认为："数为万物的本质，一般说来，宇宙的组织在其规定中是数及其关系的和谐的体系。"哲学家柏拉图认为可以用直尺和圆规画出来的简单的几何形是一切形的基本。他在雅典学院的大门上甚至写道："不懂几何学的莫进来。"在柏拉图看来，人类生活的世界是一个靠绝对的理性和强制的秩序建立起来的，所以他在《理想国》中所设计的城市也是按照"几何学"（圆形 + 放射形）的理想设计出来的。哲学家亚里士多德进一步发展了柏拉图的理性思想，他说："一切科学都是证明科学，而证明科学的最高成果是几何学。"几何学体现在美学上就是"任何美的东西，无论是动物或任何其他的由许多不同的部分所组成的东西，都不仅需要那些部分按一定的方式安排，同时还必须有一定的度量；因为美是由度量和秩序所组成的"。建筑物和城市的度量和秩序就是比例。他认为城市建设要依据一定的数理关系进行组织。毕达哥拉斯、柏拉图以及亚里士多德等人的理性主义美学观念对希腊晚期的城市建设产生了重要的影响，并直接促成了"希波丹姆斯[26]模式"的产生。希波丹姆斯的城市设计模式主张遵从古希腊追求理性秩序的思想，探索几何与数的和谐，强调以棋盘式的路网为城市骨架，并构筑明确、规整的城市公共中心，以求得城市整体的秩序和美[27]。波西战争之后，

25 希腊的城市艺术费为四个时期：荷马时期、古风时期、古典时期和希腊化时期。其中荷马和古风时期是希腊城市艺术的萌芽期，古典与希腊化时期是古希腊城市艺术的发展与成熟期。
26 希波丹姆斯，公元前 5 世纪的希腊法学家，被誉为西方古典城市规划之父。
27 张京祥，西方城市规划思想史纲，南京：东南大学出版社，2007：13.

古希腊的新建殖民城市米利都就是按照希波丹姆斯模式建立起来的一座具有强烈人工设计痕迹的几何型城市。米利都城一反古希腊城市结合地形和自然生长的发展模式，运用了几何化、秩序化与网格化的建设方式：城市采用正交街道系统，形成十字网格，建筑物布置在网格内，两条垂直大街贯穿市中心（图 2-45）。这种城市模式虽然符合古希腊数学和美学的原则，使传统城市从有机、灵活、杂乱走向了秩序、典雅、统一，但也造成了城市空间形态的机械、呆板。这一点与现代设计运动所推行的机械城市“秩序美”可谓是异曲同工，城市的艺术性被大大降低了。

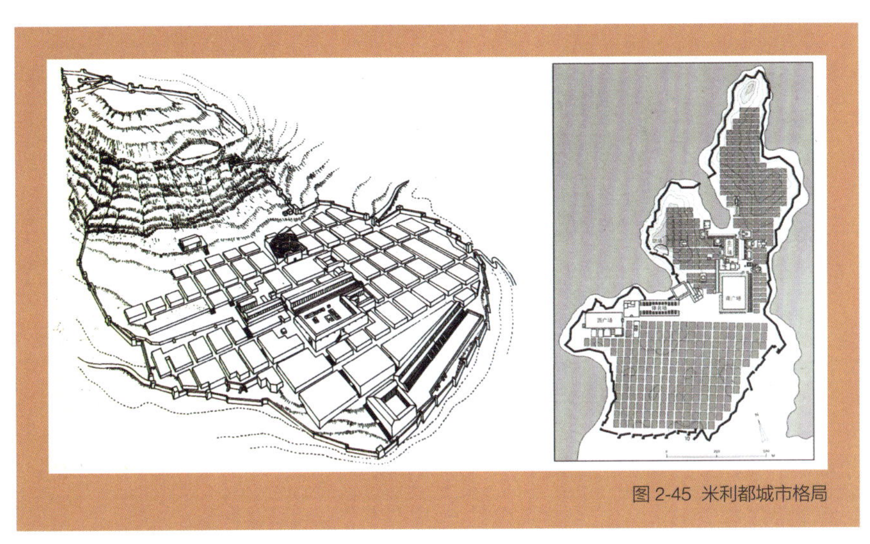

图 2-45 米利都城市格局

在古希腊时期，最能体现古希腊城市艺术成就的非雅典卫城莫属。雅典卫城堪称西方古典时代建筑群、庙宇、柱式和雕塑的最高艺术典范。卫城位于雅典城中央一个东西长约为 280 米，南北宽约 130 米，高约 80 米的山岗上。为了兼顾外眺景观（从卫城四周远望它的外部形态）与内眺景观（人置身其中时感受到的内部形态）的统一，卫城的各部分建筑布局采取了以自由的、与自然环境和谐相处的原则，依据山形地势来布置山门、帕特农神庙以及伊瑞克提翁神庙等建筑（图 2-46）。其中，献给雅典的守护神——雅典娜[28]的帕特农神庙是卫城的主要建筑，同时也是卫城中装饰最为华贵的建筑物。公元前 447 年在古希腊最伟大的雕塑家菲迪亚斯的主持下，建筑家卡里克拉特和伊克底努合作，历时 15 年，完成了这座象征希腊古典时代最高艺术成就的建筑。神庙建筑在一个距离山门 80 米的长 70 米、宽 30 米的台基上，全用白色大理石砌成，屋顶呈人字形坡顶，柱式采用多立克式，长宽列柱比例为 17 ∶ 8，柱高 10.43 米，底径 1.9 米。山墙以及东西门楣上雕刻着饰金的高浮雕，

28 雅典娜，希腊神话中的战神和智慧女神，宇宙之神宙斯之女。

图 2-46 雅典卫城全景

檐壁装饰浅浮雕饰带。浮雕内容多为希腊神话和有关波希战争的场景。如东三角门楣雕刻着雅典娜从父亲宙斯的头颅中诞生的故事；西三角门楣雕刻的是雅典娜与海神波塞顿竞争希腊保护神的故事。围绕整个神庙，全长 520 米，高 1.1 米的檐壁饰带雕刻着雅典每四年一次的祭祀雅典娜女神的大游行场景。整个浮雕包括 500 多人，100 多匹战马，场面宏大、构图完整（图 2-47）。遗憾的是很多雕刻艺术在 18 世纪的希土战争中毁于炮火，但有些高浮雕残片所显示出的庄重沉稳、富有神性的优

图 2-47 帕特农神庙的雕塑

美姿态依然很精彩。正如 18 世纪意大利古典主义雕刻家安东尼奥 · 卡诺瓦所说："这些雕塑是有血有肉的。"神庙内供奉的雅典娜女神是由菲迪亚斯亲自设计雕刻完成的。雅典娜女神像高 12 米，内部用木胎，外部用黄金和象牙包裹。右手托着胜利女神，左手扶盾，盾的内侧雕刻着《众神和巨人作战》，外侧刻着《希腊人和阿玛戎之战》。长矛倚在肩部，据说在海上就可以看到金光闪闪的矛尖（图 2-48）。

帕特农神庙从建筑整体到细部装饰（包括柱式、雕刻）结构匀称、比例合理，

有丰富的韵律感和节奏感，被世人称为世界艺术史上最美的建筑典范之一。意大利文艺复兴时期的伟大建筑家帕拉第奥曾经对这座建筑之美感叹道："美得之于形式，亦得之于统一。即从整体到局部，从局部到局部，再从局部到整体，彼此呼应。如此，建筑可成为一个完美的整体。在这个整体之中，每个组成部分彼此呼应，并具备了组成你所追求的形式的一切条件"[29]（图 2-49）。

公元前 421 年雅典人在帕特农神庙北侧又修建了另一座神庙——伊瑞克提翁神庙。伊瑞克提翁神庙是爱奥尼亚柱式建筑的代表。这些柱子比例修长，柱头上的涡

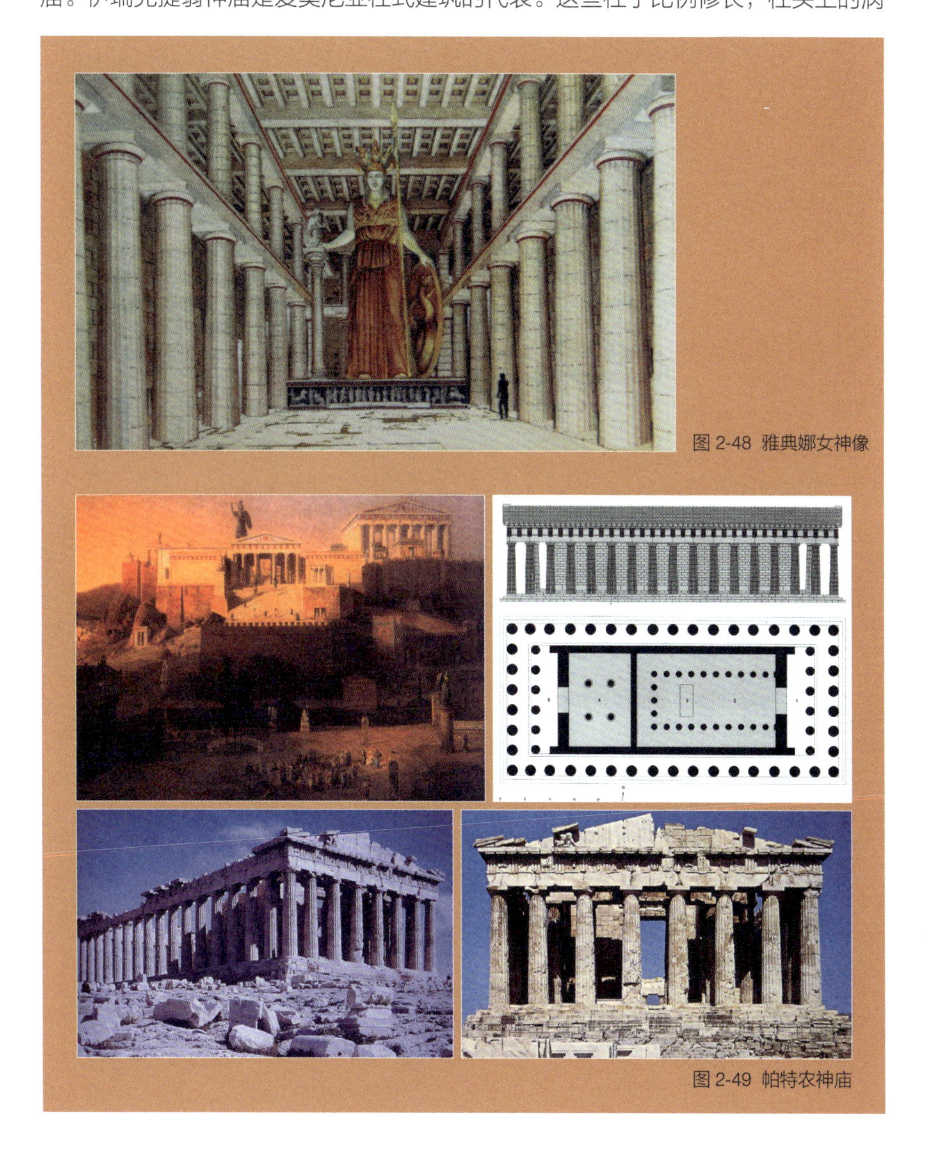

图 2-48 雅典娜女神像

图 2-49 帕特农神庙

29［美］弗朗西斯 · D.K，邹德侬，方千里译，建筑：形式，空间和秩序，北京：中国建筑工业出版社，1987：314.

卷坚实有力，其中，中央柱头的两个涡卷是平的，而角柱上转角的涡卷斜向 45 度伸出，使正侧面得以延续。刚柔曲直的对比，繁简疏密的变化，柱础的线脚组合几乎到达了完美的境地。在地中海的阳光下光影移转、幻化多端（图 2-50）。神庙的南侧有一组女像柱，正面 4 根，左右各 2 根，高 2.1 米。女像柱姿态轻盈，形象端庄，在一片白色的大理石面前，女像柱显得格外夺目、耀眼（图 2-51）。

图 2-50 爱奥尼亚柱式

图 2-51 伊瑞克提翁神庙的女像柱

雅典卫城是在古希腊和雅典全盛时期建造的，它是那个时代可歌可泣的象征，但后来的命运却是多舛的。在 2000 多年的岁月中，雅典在多次战争中经历了一段又一段灿烂而悲壮的历程。19 世纪 20 年代的独立战争，雅典卫城最终被土耳其军队夷为平地，雅典卫城的圣地建筑和艺术品只剩下残垣断壁，但希腊的艺术思想和艺术精神却是无法磨灭的，是永生的。诚如英国诗人拜伦在《恰尔德 · 哈罗德》中所说：“美丽的希腊，一度灿烂的凄凉遗迹！你消失了，然而不朽；你倾倒了，然而伟大。”

3）古罗马的城市艺术

公元 1 世纪，罗马吞并希腊，从此，古代世界的文化艺术中心由希腊迁移到了罗马。罗马原是意大利半岛中部台伯河（Tiber）南岸的一个拉丁族奴隶制城邦，是由特洛伊英雄艾涅阿斯的后代罗姆卢斯（Romulus）在公元前 8 世纪建立的。传说当罗姆卢斯还是婴儿的时候，由于部落纷争，它与孪生兄弟一起被遗弃在台伯河畔，一只母狼收养并哺育了他们。后来被人救起，长大后就在被救起的地方建筑了一座城邦，并以罗姆卢斯的名字将其命名为罗马（Roma）。

公元前 5 世纪罗马建立了民主共和体制，随后罗马人展开了旷日持久的扩张战争。在相继征服地中海沿岸的诸国，如北非的埃及、小亚细亚的叙利亚以及欧洲的不列颠、高卢等地区之后，罗马成为一个横跨欧、亚、非大陆的庞大帝国，并发展成为欧洲奴隶制度的最高阶段。依凭巨大的财富、众人的努力、卓越的营造技术和性能良好的材料，在汲取希腊与东方各国的建筑形制、造型方法的基础上结合自己的传统，罗马创造出了独具特色的建筑与城市艺术。

罗马人虽然征服了希腊，但在文化艺术上却又被希腊征服，成为希腊艺术的崇拜者和模仿者。但由于社会环境与民族特性的不同，古罗马人不像古希腊人那样富于想象，他们没有创造出像荷马史诗那样的现实主义与理想主义交织在一起的神话故事。古罗马是一个农业民族，农业民族所特有的冷静、务实的性格决定了他们不会像希腊一样追求浪漫主义和幻想主义，也不赞成“为智慧而智慧”的思辨以及穷极世界奥秘的探索精神，而是追求现世的幸福与纵情的享乐。在这一思想的主导下，古希腊时代在城市中占主导地位的神庙、剧场等代表崇高精神的建筑已经退居次要地位，而角斗场、公共浴池、广场、宫殿等宣扬现世享受的世俗建筑以及凯旋门、记功柱等为皇帝歌功颂德的纪念性建筑成为城市的主体。

由于对文化、艺术、哲学以及美学上的理解不同，也就形成了与古希腊不同的城市艺术形式。在人本主义思想内核的作用下，古希腊城市、建筑的大小、比例主要以人体的尺度为基础，并依据这个尺寸为模数来推演整个城市与建筑的比例关系。但古罗马的城市并没有沿袭古希腊城市和建筑中的人本主义精神，不再以人的尺度作为城市建设的基准，也不再遵循亚里士多德提出的“适中”以及“有限感觉”的审美法则，而是以抽象的数字比例为基础，要求城市、建筑要极力体现出罗马的强大、繁华。所以，罗马的城市和建筑往往以夸张的尺度表现出了一种摄人魂魄的崇高与震撼，而这其中最能体现震撼感的建筑莫过于万神庙。

万神庙（图 2-52）始建于公元前 27 年，是一座希腊围柱式的长方形建筑，公

图 2-52 万神庙

元 2 世纪，遭大火焚毁之后哈德良皇帝在原址上将其改建成罗马特有的穹顶式庙宇。万神庙的内部空间在高度和跨度上达到 43.3 米，就如同天宇一般，悬在人们的头顶。这个巨大的穹顶在 19 世纪之前无可匹敌。为支撑穹顶，墙垣的高度与穹顶半径大致相同，墙的厚度达 6 米，而且不能开窗。为了采光，穹顶中央开了一个直径 8.9 米的采光孔。当阳光从采光孔中投射进来时，好像上帝的眼睛发射出的光芒，营造出殿堂与神灵相通的神秘宗教氛围。公元 3 世纪卡拉卡拉皇帝又在神庙的前方建了一座长方形的门廊。门廊进深 3 间，阔 33 米，正面是由 8 根，14.18 米高的科林斯巨柱支撑的希腊式山墙。山花和檐头的雕像，大门，瓦，门廊内部的天花板和梁，都是铜质包金。门楣上镌刻着公元前 27 年神庙的建造者阿格里斯帕的名字[30]。穹顶外部覆盖着包金的铜板。同外部空间相比，万神庙的内部空间处理是最具艺术性的。由于万神庙的穹顶巨大，墙体厚重，而且没有窗户，内部空间显得单一。为了打破这种单一，设计者在穹顶内部做了深深的凹格，凹格越往上越小。凹格和墙面的划分呈水平环形，结构稳定。因为壁画在当时的环境下还没有出现，所以，在墙面和装饰上基本延续了古希腊时代的手法，主要是运用柱式、壁龛和雕像结合，虽然很高大，但尺度十分合理，没有压抑感。地面采用几何形的大理石拼花图案，色彩、质感、肌理完美地组合在一起，装饰出一个天堂般的空间（图 2-53）。马克思对此感叹道：“人类竟然能把天国建造出来”。万神庙一度成为罗马人的骄傲和象征，罗马古谚语云：“如果一个人到了罗马不去看万神庙，那么，他来的时候是头蠢驴，去的时候还是头蠢驴。”由此可见万神庙在罗马人心目中的地位。

图 2-53 万神庙内部

30 门楣的文字意思是：执政官马尔库斯·阿格里斯帕建。

在世俗建筑中，最能体现古罗马人追求热烈、富丽、奢华的城市艺术与喧闹、纵欢生活享受的当数角斗场和大浴池。

角斗场等娱乐建筑在古罗马的城市中占有很大的比例，这种气势恢宏的建筑反映了古罗马人对热闹，甚至嗜血、野蛮娱乐活动的热衷，也直接体现了那个时代浮华的社会风气。从功能、规模、技术和艺术方面来看，罗马城内的克洛姆角斗场（也称大角斗场）代表了罗马建筑艺术的顶峰（图 2-54）。克洛姆角斗场长轴 188 米，短轴 156 米；表演区长轴 86 米，短轴 54 米，可容纳 5600 人同时观看。设计巧妙地安排了一系列圆形拱和放射状的拱，对观众的席位和通道都做了精心的安排。它建有内外圈环形走廊，外圈供观众出入和休息，内圈供前排的观众使用。楼梯安置在放射状墙垣之内，分别通向观众席（图 2-55）。角斗场的外部形态酷似一个蜂窝，共有四层。第一、二、三层分别是用多立克、爱奥尼亚和科林斯柱式装饰的 80 间拱券门，其中，二、三层的券洞口都有一尊白色大理石雕像。第四层是方形壁柱装饰的实墙。建筑内部还镶嵌有角斗场景的马赛克壁画（图 2-56）。整座建筑在功能、结构、形式上和谐统一，

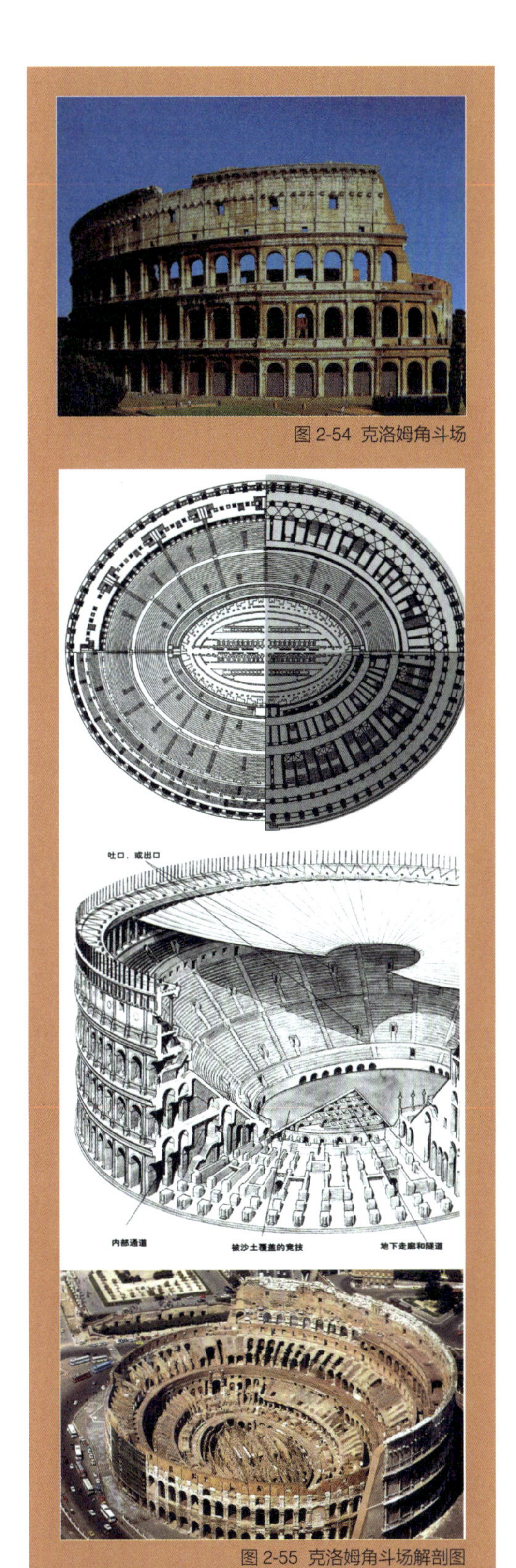

图 2-54 克洛姆角斗场

图 2-55 克洛姆角斗场解剖图

具有很高的艺术成就。正如欧洲谚语所说："光荣归于希腊，伟大归于罗马。"中世纪基督教的《颂书》甚至说："只要大角斗场屹立着，罗马就屹立着；大角斗场颓弃了，罗马就颓弃了。"

古罗马曾有"面包和马戏[31]"之称，在帝国的兴盛时期修建了很多供权贵阶层消遣玩乐的公共浴池。古罗马人的洗浴习俗源自于古希腊。希腊靠近地中海，地中海的碧海、蓝天、沙滩、椰林造就了希腊人的洗浴习惯。罗马人在征服希腊之后，他们承袭了希腊的公共洗浴习俗。早在共和时期罗马人就在城市里建设了很多[32]浴池，作为日常社交活动的场所。到公元二三世纪以后，公共浴池已经超越了一般意义上的洗浴，成为集运动场、图书馆、音乐厅、演讲厅、购物场所与花园于一体的大型、多功能公共建筑群。

其中最著名的是卡拉卡拉大浴池与戴克利提乌姆浴池（图 2-57， 图 2-58）。卡拉卡拉浴池总平面长 575 米、宽 363 米。主体建筑长 216 米、宽 122 米，总面积达 2 万余平方米，内部可容纳一万多人，仅主浴室就可同时接纳 1600 人沐浴。浴室内部空间组织简洁而多变，开创了内部空间序列的艺术手法。在空间布局上采用从冷到热的组织手法，沿大厅中轴线依次设置冷水浴、温水浴和热水浴，并以热水浴大厅的集中式空间结构结束。建筑内部结构采用连续拱券、穹顶与混合柱式结合，混合柱式用大理石制成。地面铺设拼花大理石板，墙面或镶嵌马赛克或装饰出

图 2-56 斗场场景壁画

图 2-57 卡拉卡拉大浴池

图 2-58 戴克利提乌姆浴池

于名家之手的壁画[33]（图 2-59，图 2-60）。壁龛里和壁柱的柱头上陈设着雕像。进入其间，有一种置身美术馆的感觉。罗马人就在这样的环境中纵情寻欢、沉溺作乐，简直是"暖风熏得游人醉，只把杭州作汴州"。浴池成就了罗马的城市与建筑艺术，但也让罗马走向衰亡。正如古罗马史学者塔希托所说：他们"白天睡觉，夜晚寻欢，

31 "面包和马戏"就是吃喝玩乐之意。

32 在公元 3 世纪时仅罗马城就有大浴池 11 座，小浴池 800 座。

33 古罗马时期的穹顶结构可以采光，并能够通过采光孔的大小来调节室内明暗，所以壁画在这一时期出现了。

图 2-59 浴池的地面铺装

图 2-60 浴池内的壁画

怠惰是他们的爱好……以骄奢淫逸的欢乐来成名……”当内忧外患袭来时，习惯于洗浴的罗马人已无力也无心应对国事了。公元 395 年，随着罗马的分裂，大浴池也就成了一堆石头的遗址，仅供后人缅怀游览了。

凯旋门是古罗马特有的一种纪念性建筑。作为城市的标志物，通常是建造在城市主干道上。其形式是：立面方形，中央为一大拱，高高的基座和女儿墙，上面设有浮雕和铭文。女儿墙头矗立着象征胜利和光荣的铜马车。凯旋门既然是作为纪念战争胜利而建造的纪念物，几乎每一次胜利罗马人都要建造一座凯旋门，到公元 4 世纪初，罗马城已建造了 36 座凯旋门，所以，凯旋门的建造贯穿了罗马由盛而衰的全过程，在如今的罗马最有代表性的是提图斯凯旋门和君士坦丁凯旋门（图 2-61，图 2-62）。公元 81 年，为纪念提图斯皇帝在公元 70 年剿灭耶路撒冷的犹太叛军的胜利，建造了一座单拱的凯旋门。这座建筑物高 14.4 米，宽 13.3 米，厚约 6 米。凯旋门顶端雕刻着提图斯驾马车的雕像。女儿墙下方正额镌刻着记述帝王战功的密密麻麻的文字，中楣上栩栩如生地雕刻着帝王出征和得胜归来的浮雕场面。由于单拱券缺乏装饰，罗马人创造性地发明了一种券柱式的构图方式，即在拱门两侧装饰希腊时代用作支撑结构的柱式，为了构图的完整性，甚至连古典柱式中的梁、额、

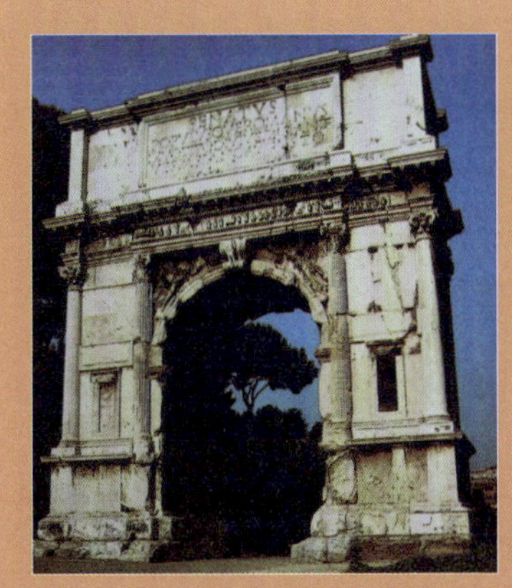

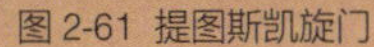

图 2-61 提图斯凯旋门

图 2-62 君士坦丁凯旋门

檐部以及基座都煞有介事地按照恰当的比例和形态表现出来。与拱券相结合的柱式也不是希腊时期的三种柱式，而是一种新的柱式——混合柱式。它就是在科林斯柱式的柱头上加上一个爱奥尼亚柱式的涡卷。这种柱式与多立克、爱奥尼亚、科林斯和塔斯干[34]柱式一起并称为“五大古典柱式”（图 2-63）。

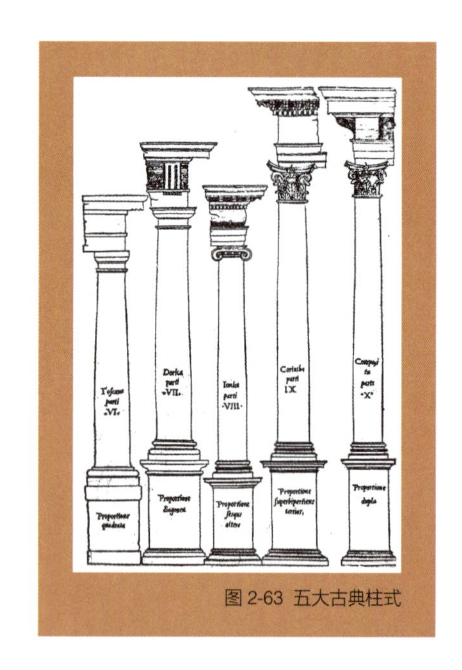
图 2-63 五大古典柱式

君士坦丁凯旋门是罗马分裂前最后一个凯旋门，建于公元 315 年，是为纪念君士坦丁大帝在米尔韦尔斯桥上彻底击败强敌马克森提统一帝国而建的。这是一座罗马晚期三开间拱券结构的凯旋门，宽 25.7 米，高 21 米，厚 7.4 米，是罗马最大的一座凯旋门。它与提图斯凯旋门、法国星形广场上的罗马凯旋门并称为世界三大凯旋门。君士坦丁凯旋门有 3 个拱门，中央宽大，两侧较小。正面有 4 根混合柱式装饰，基座和门墙上刻有浮雕。凯旋门上方的圆雕和浮雕是胜利女神手持战利品，骄傲威武地在空中飞舞的情形。君士坦丁凯旋门虽然是罗马最有气势的一座凯旋门，但在艺术家和学者看来它却是艺术性最低的一座凯旋门。它上面的绝大多数装饰和雕塑并不是专门制作的，而是从其他建筑上拆卸下来的。少数专门制作的雕刻，如拱门上方的横饰带也不够精美。英国著名历史学家爱德华 · 吉本在《罗马帝国衰亡史》中如是写道：“君士坦丁的凯旋门至今仍是艺术衰落的可悲见证和最无聊的虚荣的独特证明。由于在帝国的都城不可能找到一位能胜任装点那一公共纪念物的雕刻家，竟然一不考虑对图拉真的怀念，二不考虑于情理是否妥当，竟然将图拉真凯旋门上的雕像全部挖走。至于时代不同和人物不同，事件不同，性质亦不相同等问题一概不予理会。帕提亚人的俘虏跪倒在一位从未带兵越过幼发拉底河的皇帝脚前；而细心的文物学家至今仍能在君士坦丁的纪念物上找到图拉真的头像。新纪念碑上凡是古代雕刻留下空隙必须加以填补的地方，一望而知全是一些最粗劣、最无能的工匠的手艺[35]。”君士坦丁凯旋门虽然已经失去了早期罗马艺术的简洁之

---

34 塔斯干柱式即罗马多立克式，它去除了希腊时代多立克柱身上的凹槽，使柱式变得更为简洁。

35 [英] 爱德华 · 吉本著，黄宜思，黄雨石译，罗马帝国衰亡史，北京：商务印书馆，1997：227-228.

美，但就雕塑本身而言，其流畅的线条、生动饱满的形象，还是具有很高艺术价值的。

广场是古罗马时代城市的社会、政治、经济活动的中心以及凯旋门、记功柱、铜像等城市艺术的集合体，是城市空间序列组织的核心和焦点。广场最早起源于希腊，作为市民演讲、集会的公共活动场所，后被罗马人引入城市建设之中。但罗马在接受广场这一形态之后，基本上颠覆了它的原初功能，与凯旋门一样演变成了纯粹为帝王树碑立传、歌功颂德的纪念性空间。罗马城内最著名的广场是帝国广场。帝国广场不是一个孤立的单独广场，而是从凯撒大帝时代陆续建立的一系列广场组成的广场群，包括凯撒广场、奥古斯都广场和图拉真广场等（图 2-64）。为了将不同时期的广场有机地联系起来，广场运用方形、直线形和半圆形等几何形态组合空间。每个空间都由柱廊连接，末端的主要建筑起装点和统领作用，不至于使广场有拼贴之嫌。帝国广场在空间序列的组织手法上是采用十字相交法，在主轴线的统

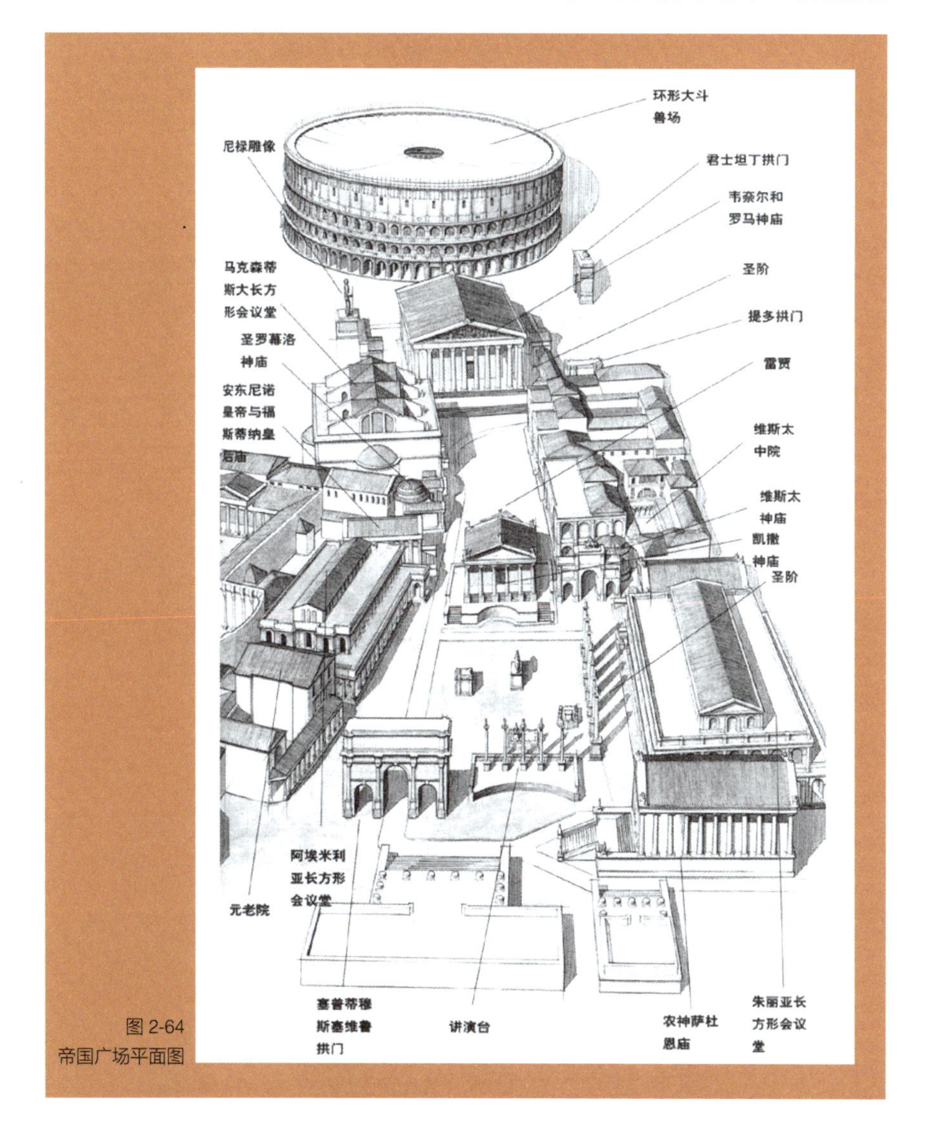

图 2-64
帝国广场平面图

续图 2-64 帝国广场平面图

辖下每个皇帝所建的广场及建筑与另一个皇帝的广场和建筑群垂直相交，以多个彼此相交的垂直轴组成一个完整的整体。在帝国广场中央竖立着图拉真记功柱，是整个广场的中心。记功柱高达 42.3 米，其中柱身高 29.77 米。由 29 块圆柱形巨石垒叠而成，底径 3.7 米，内部掏空，有 185 级楼梯直通柱顶。柱顶伫立着图拉真皇帝像。柱身自下而上，雕刻着图拉真皇帝征服多瑙河流域达契亚地区事迹的浮雕，全长 244 米，人物达 2600 个之多（图 2-65）。图拉真记功柱是整个帝国广场的制高点，也是广场的高潮。它以一种威严的气势统摄整个广场。整齐中寓于变化，严肃中寓于情趣（图 2-66）。

图 2-65 图拉真纪念柱

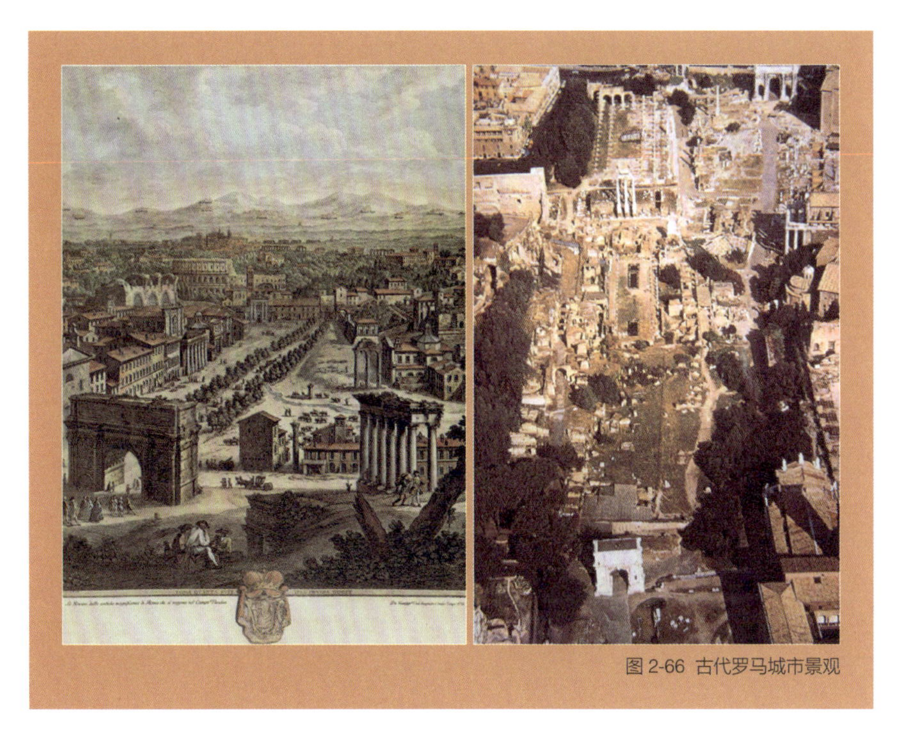

图 2-66 古代罗马城市景观

4）文艺复兴时期的城市艺术设计

从拜占庭时期到 14 世纪，欧洲在经历了近千年黑暗的宗教统治之后，资本主义开始萌芽。新兴的资产阶级要想获得发展就必须推翻宗教神权和封建统治的禁欲主义以及蒙昧主义的禁锢。为了寻找合理的依据，他们便向历史溯源，最后在古希腊、古罗马的文化、艺术中发现了对抗宗教神权与封建统治的武器：这就是以古典主义时代的人文精神来推翻中世纪以来建立的以神为中心的宗教哲学和封建思想，用人性来取代神性，用科学来取代蒙昧。

文艺复兴原本是一场反神权、反封建的文化运动，但却在无意之中促成了一场人类历史上最伟大的、进步的变革。为欧洲乃至世界培养了众多学识渊博、多才多艺的巨匠，如伯鲁乃列斯基、伯拉孟特、阿尔伯蒂、米开朗基罗、达·芬奇、拉斐尔以及阿尔伯蒂等，正如马克思所说：“这是一个需要巨人而且产生了巨人的时代。”

文艺复兴是资产阶级希望借用古希腊、古罗马时代的外衣，在古典主义的规范下，推动文学和艺术的复兴。因此在艺术设计及美学思想方面他们全面继承了古希腊和古罗马的遗产。

一方面，文艺复兴时期的艺术家和设计师进一步发展了古典时代的柱式。在文艺复兴的设计师看来，数的和谐或人体的比例在建筑中最完美的体现者是柱式。因此，他们像古希腊和古罗马时代的设计师一样，把推敲柱式作为建筑乃至城市艺术构思的最重要课题。如维尼奥拉在其著述《五种柱式规范》中写道：要“使每一个人，甚至一些平庸的人，只要不是完全没有艺术修养的人，都可以不十分困难地掌握它们，合理地使用它们”。

另一方面，文艺复兴时期的理论家又发展了古希腊和古罗马时代的美学思想。古希腊时代，柏拉图提出美是合效用的，即一件东西的美与丑要看它是否有用，有用的就是美的，无用的就是丑的。而亚里士多德提出美的本质像善的本质一样，在于比例和尺度，“尺寸和比例是……美和德行”。古罗马的建筑师维特鲁威将美学思想与造物活动结合在一起，提出了被后世几乎所有设计领域奉为经典的“坚固、适用、美观”三原则。他认为：美是通过比例和对称，使眼睛感到愉悦。如：当建筑的外观优美悦人、细部的比例符合正确的均衡时，就会保持美观的原则。另外，美是通过适用和合目的使人快乐体现出来的。文艺复兴时期的艺术家、建筑师继承并发展了这些美学思想，提出美产生于需要、和谐以及比例。如：阿尔伯蒂认为“所有的建筑物，如果你们认为它很好的话，都产生于‘需要’，受‘适用’调养，被‘功效’润色；‘赏心悦目’是在最后考虑。那些没有节制的东西是从来不会真正地使人赏心悦目的”。他又说：“我希望，在任何时候，任何场合，建筑师都表现出把实用和节俭放到第一位。即使当作装饰，也应该把它们做得像是为实用而做[36]。”同时，阿尔伯蒂认为“美就是各部分的和谐，不论是什么主题，这些部分都应该按这样的比例和关系协调起来，以致既不能再增加什么，也不能减少或更动什么，除非有意破坏它”。

在美学思想上，文艺复兴时代的艺术家、理论家和设计师都认为美是客观的、有规律的，是可以通过数、比例的协调来实现并感知的。这就调动了设计师探索这种规律的能动性，促进了雕塑、绘画、建筑以及城市构图原理的科学化。受这一思想的影响，在当时的城市设计方面出现了正方形、八边形、多边形、圆形以及网格式街道系统和同心圆式的城市形态[37]（图 2-67，图 2-68）。

文艺复兴时期的艺术家在承袭古希腊、古罗马建筑与城市艺术以及美学思想的同时，并没有停留于此，而是将其进一步发展和推向深入。在建筑和城市设计方面，阿尔伯蒂以及帕拉第奥等人明确提出局部和整体的关系，并认为二者的协调是产生美的前提。如：阿尔伯蒂认为“卓越的建筑需要有卓越的局部”，局部和整体必须统一。他说：“有一个由各个部分的结合和联系所引起，并给予整体以美和优雅的东西，这就是一致性，我们可以把它看作一切优雅的和漂亮的事物的根本。一致性的作用是把本质各不相同的部分组成一个美丽的整体。”在处理整体与局部的关系上，彼此之间并不能平均分配，而是有主有次，层次分明。如：“柱廊要有山墙，一方面，山墙使建筑物增色不少，另一方面也使建筑物中央比两旁高，便于安放标

---

36 陈志华，外国建筑史，北京：中国建筑工业出版社，2003：148.
37 王建国，城市设计，南京：东南大学出版社，2011：23.

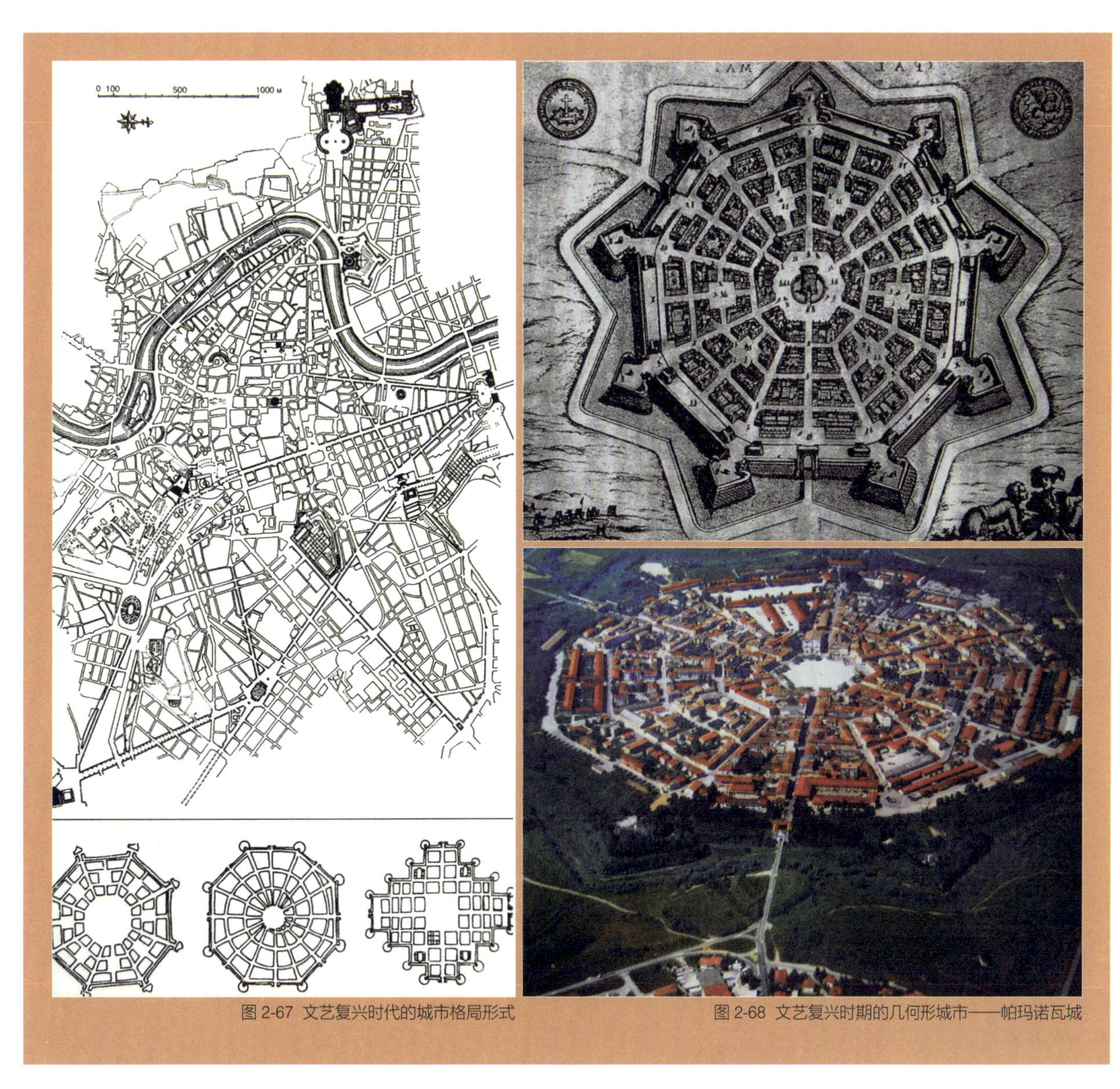

图 2-67 文艺复兴时代的城市格局形式

图 2-68 文艺复兴时期的几何形城市——帕玛诺瓦城

志。”而帕拉第奥也认为：要使由各部分组成的建筑物完整，必须要有一个占主导地位的部分。他说：“为此我曾经在所有的府邸前面做了山墙，在城市上我也做了，这就是城门；这些山墙表现了房屋的大门，并且使建筑物增添了不少光彩和气派……建筑物的前部因此显得比其余部分漂亮。”

在诸多美学思想和设计手法的影响下，文艺复兴时期产生了很多在艺术史、建筑史和城市史上留下辉煌成就的设计杰作。圣彼得大教堂建筑群及圣马可广场就是其中之一。

圣彼得大教堂及其广场是意大利文艺复兴时期最伟大的建筑集群。它集中展现了 16—17 世纪意大利城市艺术、建筑艺术以及雕塑、绘画的最高成就。圣彼得大教堂五易其主，建造时间持续近 200（1502—1667）年，文艺复兴时期最伟大的艺术家、设计师包括：伯拉孟特、帕鲁奇、小桑迦洛、拉斐尔以及米开朗基罗等人都曾主持过圣彼得大教堂的设计（图 2-69，图 2-70）。

图 2-69 圣彼得大教堂

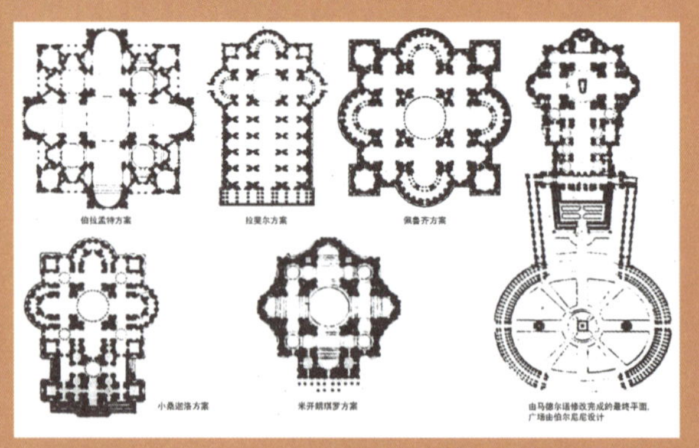

图 2-70 圣彼得大教堂历次设计方案

16 世纪初，罗马教廷决定重修建于中世纪的圣彼得大教堂，1505 年热爱艺术的教皇尤利乌斯二世任命伯拉孟特为总设计师负责工程的设计和建造工作。胸怀壮志的伯拉孟特立志要将圣彼得大教堂建成罗马最伟大的建筑，正如他在设计时所说：“我要把万神庙高举起来，架到君士坦丁巴西利卡的拱顶之上去。”所以，在圣彼得大教堂的整体布局上采用了拉丁十字式的平面与穹顶结构相结合的立面。大教堂的穹顶直径为 41.9 米，加上穹顶上部的十字架，总高度达到 137.8 米。外立面女儿墙上矗立着施洗约翰和圣彼得的 11 位使徒的雕像，两侧是钟楼。教堂外部用灰华石饰面，内部用各色大理石拼花，内部有丰富的镶嵌画、壁画以及雕塑（图 2-71）。这些艺术品多出自文艺复兴时期的名家之手。穹顶下方正中是贝尼尼设计创作的铸铜华盖（图 2-72），为巴洛克艺术的代表之作。右侧是一礼拜堂，里面陈列着米开朗基罗

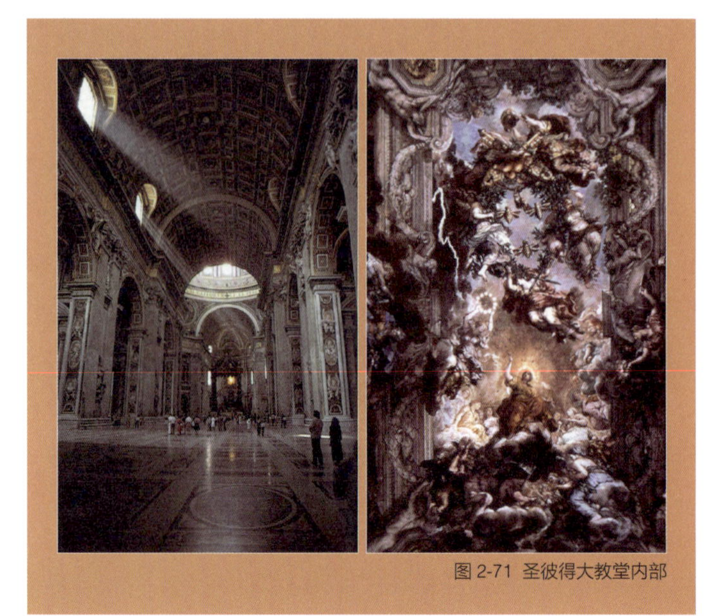

图 2-71 圣彼得大教堂内部

的著名雕塑《哀悼基督》（图 2-73）。圣彼得大教堂前面的广场也是贝尼尼设计的。贝尼尼生活的时代是文艺复兴晚期，这时候正是巴洛克艺术盛行的时代。巴洛克的城市强调空间的运动感和景观的序列感，在平面形态上多采取环形加放射状的格局。这也是当时城市广场普遍采用的形态，如意大利的波波罗广场等（图 2-74，图 2-75）。贝尼尼进行圣彼得广场设计时不免要受到这一艺术思潮的影响。在圣彼得广场的设计上贝尼尼同样也运用了圆形。

圣彼得广场作为圣彼得大教堂空间序曲的开端，它以方尖碑为构图中心，两侧有柱廊环绕。柱廊由 284 根塔斯干柱子和 88 根壁柱组成，犹如慈祥的圣母伸出双臂拥抱虔诚的信徒一般。将圣彼得大教堂前面的空旷之地围合成一个相对封闭、宁静的空间。圣彼得广场在平面上是由两大部分组成的，靠近教堂一侧的广场呈梯形，

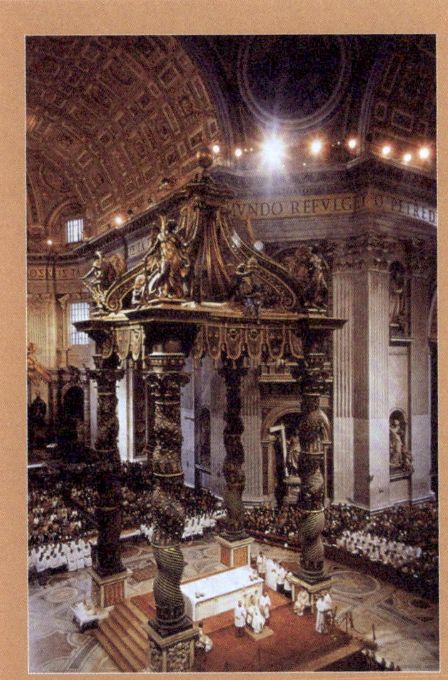

图 2-72 华盖

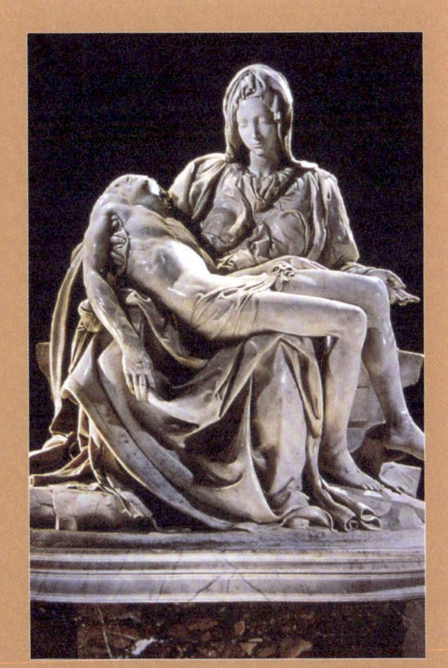

图 2-73 《哀悼基督》

图 2-74 波波罗广场

图 2-75 罗马卡比多广场

由广场向教堂展开，从而利用视错觉来缩短圣彼得大教堂过长的立面。广场的主体部分呈椭圆形，长轴最大直径 240 米，中央矗立着尼禄皇帝从波斯波利斯掠来的巨型方尖碑，长轴两侧设有喷泉。圣彼得广场之所以采用椭圆形平面，一是椭圆形是这一时期城市设计最主要的形式，它所具有的集中式特点能与大教堂的穹顶形成呼应关系；二是利用椭圆长短轴不同的特点，可以造成视错觉，缩短广场中央到大教堂之间的心理距离；三是利用横向长轴加强广场与主要轴线不同方向的扩张感，从而创造出与周围世界的互动关系[38]（图 2-76）。圣彼得大教堂与圣彼得广场作为文艺复兴时期的杰作，是第一次将城市、建筑、雕塑、绘画与环境设计五位一体、系统建设的最高典范。它最终成为人类历史从来没有经历过的最伟大的、不朽的纪念碑。

威尼斯的圣马可广场也是世界上最卓越的建筑集群之一。历经数百年的经营，最终于文艺复兴时代完成。他被拿破仑誉为“欧洲最美的客厅”。圣马可广场平面呈 L 形，大致以钟楼（图 2-77）为界由一大一小两个广场组成。大广场是梯形平面，呈东西走向，长 175 米，东边宽 90 米，西边宽 56 米，占地面积约 1.28 公顷。大广场的东端是 11 世纪建造的拜占庭式圣马可教堂，北侧是旧市政大厦。小广场呈南北向，连接着大广场和大海。在小广场和海岸之间耸立着一对从君士坦丁堡运来的石柱，高 17 米。左边的石柱上立着一尊代表使徒圣马可的带翅膀的狮子像，右边一根柱子的顶端立着一尊共和国保护者的雕像。圣马可广场的布局虽然采用的是简单的 L 形，但广场的空间变化却非常丰富。从城市各处，要经过曲折、幽暗、狭

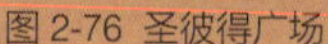

图 2-76 圣彼得广场

图 2-77 圣马可广场

38 陈文捷，世界建筑艺术史，长沙：湖南美术出版社，2004：153.

窄的小巷才能来到广场。通过大广场西端的小券门或主教堂北侧钟楼的券门进入广场，就会有一种豁然开朗的感觉。在小广场内可以远望海面上五颜六色的“刚朵拉”，白色的海鸥以及 400 米处的圣乔治堂、修道院，形成一种对景和借景的关系。另外沿着广场 L 形的路线移动，沿途可以看到总督府、圣马可教堂钟塔、市政大厦以及图书馆等精美绝伦的建筑艺术。置身其内有一种移步换景、步移景异的景观效果。所以，沙利宁在《城市》一书中曾说：“也许没有任何地方比圣马可广场的造型表现得更好了，它把许多分散的建筑物组合形成一种壮丽的建筑艺术总效果……产生了一种建筑艺术形式的持久交响乐[39]。”

第二节 工业革命早期的城市艺术设计

中世纪的城市是以防卫为目的的建设活动，军事安全高于一切。个体的自由与健康是次要的，人与人的交往与友善是无足轻重的。文艺复兴之后，思想解放和技术的发展，促进了制造业和贸易的发展。18 世纪中叶资产阶级革命在欧洲国家的不断爆发，使封建制度逐渐消亡，新型的资本家成为城市实际的统治者。城市作为“城”的功能消失殆尽，而作为“市”的用途与日俱增。工业的大发展促进了城市人口的增长以及商业的繁荣，然而中世纪和文艺复兴时代以来的城市建设弊端被暴露出来：高密度的建筑，阳光不足，空气不畅；狭窄的街道难以容纳贵族的四轮马车；严重缺乏的市政设施，污水横流，疾病滋生。这显然不能满足新贵们的生活需求，因此，改造城市使其变得高雅、舒适，既宜于商业活动又能满足休闲娱乐的理想被提上日程（图 2-78）。19 世纪中期，欧洲城市兴起了近代城市第一次以公共卫生、环境保护和城市美化为主题的大规模建设运动。

在这场轰轰烈烈的城市建设运动中，英国的公园建设和法国巴黎的城市改造成

图 2-78 17 世纪的自然风景绘画

39 转引自梁雪、肖连望编著，城市空间设计，天津：天津大学出版社，2000：61.

为这一时期最具代表性的城市艺术建设运动。

19 世纪初期，当时西方国家正处于原始资本积累阶段，这一时期的社会发展是建立在纯粹以金钱为基础的模式上，使得城市“坚决无情地扫清日常生活中能够提高人类情操、给人以美好愉快的一切自然景色和特点[40]”。这时期的城市污染严重、交通拥挤、疾病流行（图 2-79）。1841 年，利物浦居民的平均寿命只有 21 岁，1843 年曼彻斯特居民的平均寿命只有 24 岁。与这些数字关联的是大量因传染病死亡的青年，以及极高的婴儿夭折率[41]。为了改善愈发恶化的居住环境，1833 年，英国议会内置的公共散步道委员会提出通过建设绿地、公园，增加城市艺术品和公共设施来为居民提供一个优美宜居的生活环境。这一提议促进了伦敦摄政大街、摄政公园以及利物浦伯肯海德公园的建设（图 2-80）。1811—1830 年建筑师约翰·纳什对伦敦的摄政大街和摄政公园进行了规划设计。纳什将道路两侧的建筑物从风格、色彩、高度方面进行整合，使建筑物错落有致、整齐有序。在摄政公园的设计上纳什增加了公园的水面和林荫道，并通过曲折的道路将摄政大街与摄政公园联系在一起，为伦敦的居民提供了一个商业、休闲、娱乐的公共场所。1843 年，利物浦市为改善城市环境、提高市民福祉，政府动用税收购买一块 180 余亩不宜耕作的土地来建造一座向公众开放的城市园林。建筑师帕克斯顿作为工程负责人，在规划

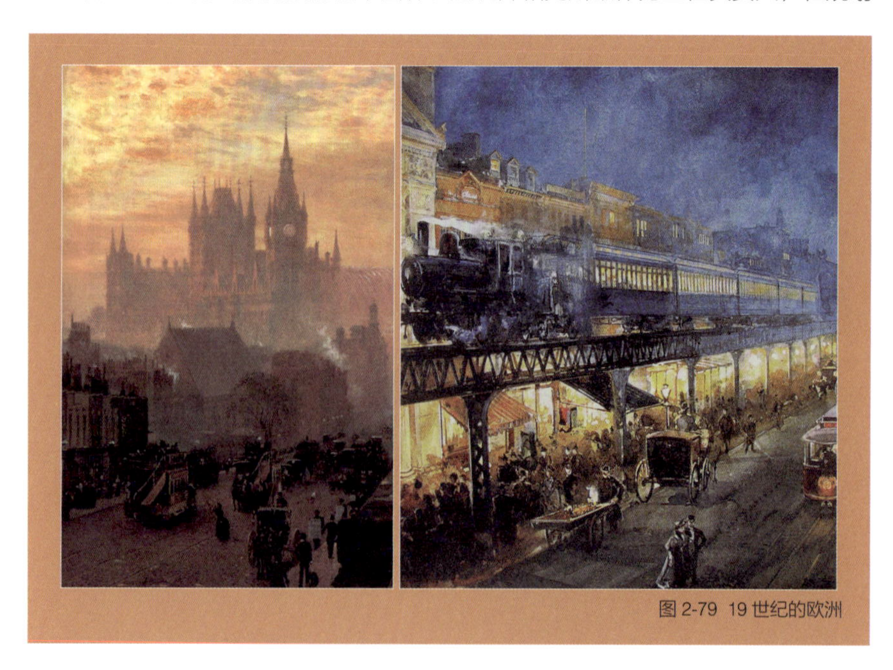

图 2-79 19 世纪的欧洲

40 [美] 刘易斯 · 芒福德，宋俊岭，倪文彦译，城市发展史——起源、演变和前景，北京：中国建筑工业出版社，2008：317.
41 柏兰芝，城市与瘟疫之间的对抗，经济观察报，2003-04-28.

上采用交通以人车分流、绿化以疏林草地为主的设计方法。在园内设置了板球、曲棍球、橄榄球以及草地保龄球等游憩空间。1847 年海德公园投入使用，成为世界园林艺术史上的第一个城市公园（图 2-81）。

图 2-80 伦敦摄政大街

图 2-81 海德公园

法国首都巴黎的改造从 1793 年雅各宾派专政时期就已经开始，一直持续到拿破仑帝国时期。拿破仑三世认为随着铁路运输进入巴黎和工业化的发展，巴黎的旧城布局已经不符合时代的需求了，因此他提出对巴黎进行改建的计划。正如他在一次演讲中说道："巴黎是法国的中心，我们应当为之努力，使其重焕生机，此事关系每个人的福祉。让我们拓宽每一条街道，让和煦的阳光穿透每一片墙角，普照每一条街道，就像真理之光在我们心中永存一样。" 1853 年春天，拿破仑三世任命塞纳地区行政长官尤金·奥斯曼男爵负责这个庞大的改建计划。奥斯曼从 1853 年到 1868 年期间对巴黎市中心进行了史无前例的大规模改造和重建。曾经用来设计法国凡尔赛宫和美国首都华盛顿的巴洛克园林及城市设计规划方案在他的手中重新被启用。他的重建计划是从巴黎市中心开始的，以卢浮宫、宫前广场、协和广场以及北至军功庙，西至雄狮凯旋门为核心，将广场、道路、河流、绿化、林荫带和大型纪念性建筑物组成一个统一体，进行整体规划建设。为美化巴黎的城市面貌，他对当时巴黎街道的宽度与两边建筑高度的比例都做了统一的规定，屋顶坡度也有规定。在以凯旋门为中心开拓的 12 条宽阔的放射形道路的星形广场上，广场直径拓宽为 137 米。四周建筑的屋檐等高，里面形式协调统一（图 2-82）。奥斯曼在这次巴黎城市改建中非常重视绿化建设，在全市各区都修建了公园。将爱丽舍田园大道向东西延伸，并把西郊的布伦公园与东郊的维星斯公园的巨型绿化引入市中心[42]。此外，奥斯曼还在巴黎建设了两种新型绿地：一是塞纳河沿岸的滨水绿地，另一种是道路

42 沈玉麟，外国城市建设史，北京：中国建筑工业出版社，1989：104.

两侧的花园式林荫大道。经过 15 年的建设，巴黎被称为 19 世纪世界上最美丽、最近代化的城市（图 2-83）。

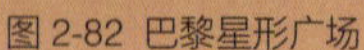

图 2-82 巴黎星形广场

图 2-83 奥斯曼改造后的巴黎

第三节 城市美化运动时期的城市艺术设计

城市美化运动实际上早在文艺复兴时期就已经开始。法国奥斯曼的巴黎改造也属于城市美化运动。但“城市美化运动”（City Beautiful Movement）从一种城市建设手段上升至一种艺术思潮则是 19 世纪末、20 世纪初欧美等国家工业大发展时期才被正式提出的。19 世纪末期，由于城市建设过度重视功能而忽视艺术空间的情况日益严重，城市环境变得肮脏、呆板、缺乏活力。针对日渐加速的工业化趋势，为恢复市中心的良好环境和吸引力，城市建设者提出要通过城市景观的改造来重塑城市形象。1899 年奥地利建筑师卡米诺 · 希特提出“遵循美学原则进行城市规划”的思想。他提出以艺术的方式作为城市建设的原则来改变城市景观单调的现状，一方面他对城市公园、对居民健康所起到的作用进行肯定；另一方面他提出从人的尺度与活动的协调出发建立丰富多彩的城市空间。卡米诺·希特提出的以艺术的原则进行城市建设的思想，为欧美等国家城市艺术设计提供了理论依据，使城市艺术设计逐渐走向了系统化和理论化。

在欧美国家盛行的城市美化运动中，美国的城市美化运动无论是在理论方面还是实践方面都是最完善的。

20 世纪初，为了改变工业城市肮脏混乱的面貌，以及实现城市居民对美好生活的渴望，美国的一些城市如：纽约、芝加哥、旧金山、克里夫兰等掀起了轰轰烈烈的城市美化运动。城市美化运动的宗旨是以艺术的手段来驱动城市的发展，尝试用艺术、建筑和规划的融合来超越 19 世纪末的功利主义，将城市建设成为一个美丽宜居的地方。“城市美化运动”提出了四个方面的建设内容。

（1）城市艺术：即通过增加公共艺术品，包括建筑、灯光、壁画、街道装饰来装点、美化城市。

（2）城市设计：即将城市作为一个整体，为社会公共目标而不是个体的利益进行统一设计。城市强调纪念性和整体形象以及商业和社会功能。因此，特别强调户外公共空间的设计，把空间当作建筑实体来塑造，并试图通过户外空间的设计来烘托建筑及整体城市形象的堂皇和雄伟。

（3）城市改革：即城市社会改革与政治改革相结合。城市的腐败极大地动摇了人们对城市的信赖，同时令人担忧的严重问题是城市的贫民窟。城市工业化的发展，使贫民窟无论从人口还是从面积上都不断扩大。工人挤在缺乏基本健康设施的区域，该区域是各种犯罪、疾病和劳工动乱的发源地，这些都使城市变得不宜居住。因此，城市美化运动要有利于对城市腐败的制止，解决城市贫民的就业和住房以维护社会的安定。

（4）城市修葺：即强调通过清洁、粉饰、修补来创造城市之美。这些往往是被建设者忽略的事，但它却是城市美化运动对城市改进最有贡献的方面。包括步行道的修缮、铺地的改进、广场的修建等，都极大地改善了城市面貌[43]。

上述城市美化运动的规划内容重点在于三个区域，即市中心、街道和公园，使得城市艺术发展成为区别于绘画、雕塑等纯艺术。正如美国学者约翰 · M. 利维所说：“如果人们追求它，他们追求它不是出于对艺术的考虑，而是为了城市。因为他们首先是公民，然后，由于他们是公民而自发地成为装点城市的艺术家……他们联合在一起，为了城市艺术的辉煌而将雕塑家、画家、艺术家和景观设计师组织在一起——不仅因为它是艺术，更因为它是城市艺术……财富和休闲使我们认识到，我们能够负担得起非纯粹功能性的东西[44]。”

在美国城市美化运动实践中，弗雷德里克·劳·奥姆斯特德设计的纽约中央公园具有划时代的意义（图 2-84）。它不仅是美国城市美化运动精神的物质转化，同时也开创了现代景观设计的先河，标志着景观从为权贵阶层服务开始向关注普通人生活的转变。中央公园旧址原是一片几近荒芜的沼泽地，树木丰茂、杂草丛生。1858 年奥姆斯特德被任命为设计师，对这块面积达 34 公顷的荒地进行规划设计。奥氏采用了一种田园牧歌式的设计方法，一方面保留了园区内的森林、湖泊和草地；另一方面在园内增建了动物园、美术馆、运动场、剧院甚至农场和牧场等娱乐及休憩设施。1873 年全部建成后，对于纽约越来越肮脏的城市来说，这里不仅是野餐和散步的地方，更是成为能带给人们身心健康和精神愉悦的场所。

---

43 俞孔坚，吉庆萍，国际“城市美化运动”之于中国的教训（上）——渊源、内涵与蔓延，中国园林，2006：16（1）27-33.
44 约翰 · M. 利维，孙景秋等译，现代城市规划，北京：中国建筑工业出版社，1998：95.

图 2-84 纽约中央公园

“城市美化运动”，也直接促进了 20 世纪中期美国城市公共艺术的发展。为了改变日益衰退的城市形象，提升城市的美誉度，从 1959 年开始，美国的费城等城市相继颁布“艺术百分比法案”。法案规定：“任何新建或翻修公共建设项目，其工程预算的 1% 必须用于购买艺术品以美化环境”。此后，其他国家也援例而行，相继颁布了类似的艺术介入城市空间的法案。这些法案的实施，对于促进以艺术的方式进行城市建设产生了积极的作用。20 世纪 90 年代以后，许多国家还推行了都市重建计划和城市复兴运动，这也进一步促进了城市艺术的建设与发展。

推荐阅读：

1. 维特鲁威，《建筑十书》
2. 阿尔伯蒂，《建筑论》
3. 霍华德，《明日的田园城市》
4. 柯布西耶，《人类三大聚居地规划》
5. 柯布西耶，《光辉城市》
6. 兰斯 · 杰 · 布朗，《城市化时代的城市设计：营造人性场所》
7. 马克 · 吉罗德，《城市与人——一部社会与建筑的历史》
8. 阿兰 · B. 雅各布斯，《伟大的街道》
9.《周礼 · 考工记》
10. 郭熙、郭思，《林泉高致》
11. 孟元老，《东京梦华录》
12. 傅乐成，《中国通史》

第三章　城市艺术设计的形态感知

- 城市艺术设计与人的感知
- 城市艺术设计与人的心理
- 城市艺术设计与人的行为

080 → 093

人是一种环境性动物，时时刻刻都要与环境发生联系，不能脱离环境而孤立存在。从生命孕育的开始到出生以后的成长发育，我们一直处在一个特定的环境之中：被子宫、房间、建筑、社区、城市以及国家和地球包围。就如阿恩海姆在《艺术与视知觉》中所说："人类最基本而普遍的感觉就是被包围：母亲的子宫、居住的房间、深宅大院、狭窄的街道、最后一缕地平线的接近以及苍穹天空——这些都与我们形影相随。"

人既然离不开环境，就必然要与周围的环境发生直接或间接的联系，通过自己的观察、倾听、触摸等感知器官同周围的世界进行着不间断的物质、信息和能量交流，以此达到认知环境的目的。而由这些感官渠道获得的感觉，就构成了理解、记忆、想象和审美等复杂心理活动的基础。离开了感知我们就无法认识物体的形态，也不能知道空间的形式。更为重要的是，如果缺乏感知，就不可能获得外界的信息，进而就无法调节自己的行为，也就无法生存下去[1]。

人对环境的感知由五个部分组成，分别为：刺激、感觉、知觉、认知和动作反应五个方面。其中，刺激是指外界能引起人的视觉、味觉、嗅觉以及触觉等感知器官反应的所有物质和非物质事物；感觉和知觉是人的感受器官（如眼睛、嘴巴、耳朵等），与外界交流、沟通或接收信息；认知是人的信息处理器，也是人的中枢决策器官（如大脑和各种神经元等），从事信息的选择、加工和存储的职能，并根据收集到的信息和以前存储的信息进行比较分析，最终做出抉择；动作反应是人的效应器官（如肌肉、四肢等），根据中枢决策器官发出的指令执行特定的任务。上述这五个方面是人从接受刺激到产生心理变化，再到行为动作发生的渐进过程，也是对外界感知的前提条件。例如，当人看到树上的一只鸟时，眼睛和耳朵会将收集到的有关这只鸟的颜色、形体以及声音等信息通过视觉和听觉神经传输给大脑；大脑将这一色彩、形态和声音与以前存储的鸟类信息进行比对、分析，辨别这是一只什么种类的鸟，是否与自己的喜好相吻合，最后大脑会发出指令，是停下来欣赏鸟的姿态、聆听鸟的声音，还是爬到树上捕捉这只鸟（图 3-1）。

当然，人从接受外部刺激到执行某种动作行为，不是一个机械的、必然的过程，它还要受其他因素的制约，包括个人的兴趣、爱好、职业、目的、需要以及价值观和社会准则等因素的影响（图 3-2）。

设计作为连接人和城市环境之间的纽带和桥梁，对于提升人对城市的感知和记忆具有重要的作用。但在当前的城市艺术设计中，无论是设计者还是决策者往往依靠自己的直觉经验或主观想象，使当前的城市艺术设计存在着过度追求形象的标新立异和自我陶醉等为设计而设计的形象工程，缺乏设身处地地从城市使用者的生理、

---

1 邓庆尧，环境艺术设计，济南：山东美术出版社，1995：146.

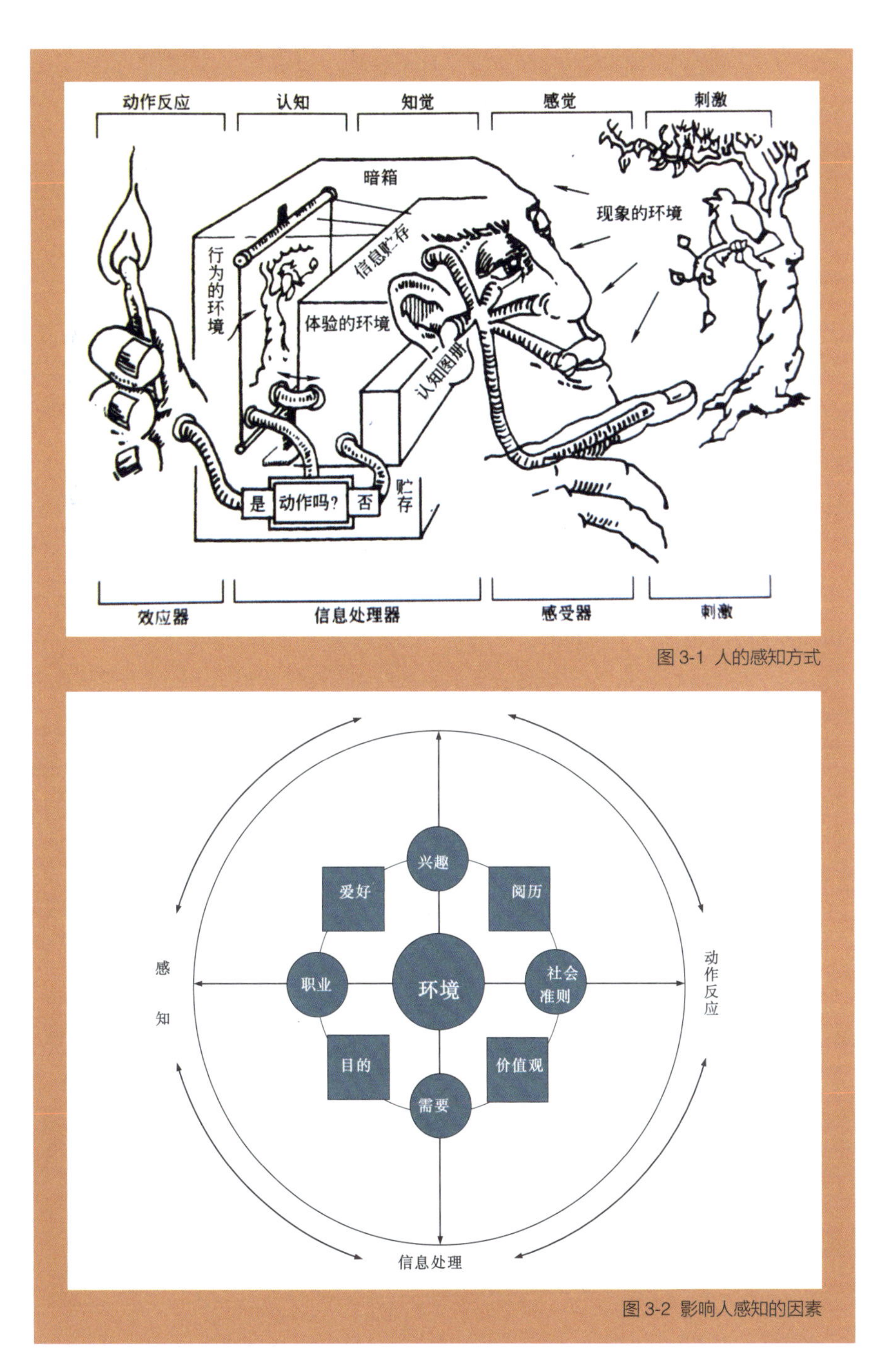

图 3-1 人的感知方式

图 3-2 影响人感知的因素

心理角度来研究和探索市民感知城市环境的规律。设计者虽然煞费苦心，但使用者却一脸茫然。这就意味着设计作为联系人和环境的桥梁断裂了，这也许就是当前许多城市艺术设计惨遭诟病的内因。美国著名建筑师波特曼曾说：“如果我能把感官的因素融入到设计中去，我将具备那种左右人们如何对环境产生反应的天赋感应力。这样，我就能创造出一种所有人都能直觉地感到和谐的环境来[2]。”掌握这一规律，设计者就可以通过换位思考的方式了解市民的需求，了解城市建设中存在的问题，使城市更加符合使用者的生理和心理诉求。对于重新建立人与环境共生、共荣、共享的和谐局面，促进城市艺术设计的深入发展将大有裨益。

第一节 城市艺术设计与人的感知

感知是感觉和知觉的统称，它是人们认识世界的开始。当客观事物作用于人的感知器官时，人们就会调动各种器官或通过不同器官的协同活动来收集关于该事物的信息，并将这些信息传输给大脑，大脑根据事物的形状、色彩、气味、质感等属性，按其相互间的联系或关系整合成事物的整体认知，从而形成对该事物的完整印象。这种对事物信息整合的过程就是感知。

感知不是某一器官的单独行为，它是由包括视觉感知、听觉感知、嗅觉感知以及触觉感知等多种感知行为相互作用、共同构成的一个系统整体。古人云“兼听则明，偏听则暗”，对于形态的感知而言，要将所有感知器官调动起来协同工作，才能形成对事物的完整认识，否则就会陷入盲人摸象的窘境。例如，面对一个菠萝，首先是看到它的形状、颜色，闻到它的香味，触摸到它的质感等各种表面属性，然后把感知到的这些个别属性的信息进行综合，加上经验的参与，这样才能形成对菠萝这种物体完整的认知。

1. 视觉感知

视觉感知产生于人的视觉系统，它是人们感知周围环境的主要来源。据研究表明，在人类对外部信息的接受中87%是通过视觉感知获得的。所谓“百闻不如一见”反映的就是视觉感知的优势。人们对环境的感知与事物本身的形态、色彩、质感以及构成方式有关。形态新颖、色彩艳丽、质感丰富、构成方式错落有致的更容易引起人的关注。在城市艺术设计中，为了使构成城市主体的建筑、街道、广场以及公共艺术等能吸引更多人的目光和兴趣，设计师往往会采取主从与重点、虚空与实在、稳定与均衡、对比与协调、节奏与韵律、比例与尺度、多样与统一等一系列符合美学原则的设计方法，以达到一种“平中见奇，常中见险，朴中见色”的效果。

人的视觉感知能力受两个方面的制约：一方面是客观物体本身的形态、色彩以及与周围环境的对比；另一方面受制于人的生理结构。邓庆尧先生在《环境艺术设计》一书中曾以建筑为例说明了这一点。他认为，一般情况下人的视距离是25米，在这个距离内人们能够清晰地看到建筑物表面材质的肌理变化；250 ~ 270米以内

---

2 转引自邓庆尧，环境艺术设计，济南：山东美术出版社，1995：146.

可以看清建筑形体的组合关系和局部轮廓；当距离达到 500 米时，只能看到建筑物的大致形象或整体轮廓线；而相距 4000 米时，就不易看清建筑了，建筑物的细部已经消失，色彩成为灰色，整体轮廓也变得模糊不清。这就是通常所谓的“近观花、中观色、远观形”的道理。所以，在城市艺术设计时要遵循人的视觉感知规律，充分考虑观赏者与建筑以及公共艺术等物体的距离。观赏距离近的环境要素，诸如临街的建筑立面、橱窗、广告牌、雕塑、城市家具等要采用细致入微的处理手法，注重细部刻画（图 3-3）。反之，观赏距离较远的环境要素，诸如高层建筑以及河面、湖边、有绿化带隔离的建筑或雕塑、壁画等则可以采用粗放式的设计手法，不必拘泥于细节。因为观赏距离的缘故，只能欣赏到它们的轮廓，烦琐的表面处理和细致的装饰点缀已经对观赏者毫无意义。这时，设计师可以通过大面积的形体或色彩对比的处理手法来增强物体的艺术性。

图 3-3 美国斯科特百货公司及其局部

据当代人机工程学研究，当人的视线固定不变时，眼睛所看到的范围是一个扁形圆锥体，其垂直方向的双眼静视野[3]的上限有效范围是仰角 30°，俯角 40°；左右有效范围是，以中心线为界，左右各为 15° ~ 20°。最敏感视野区在 15° 左右，最佳视野区则是在 3° 以内（图 3-4）。在环境设计中视野的大小与被观察物体的大小及视距有关，当视距适中时，视野越大，视力越差；视野越小，视力越

3 视野是指人眼的可见范围，一般以角度表示。眼睛观看物体可以分为静视野、注视野和动视野三种状态。

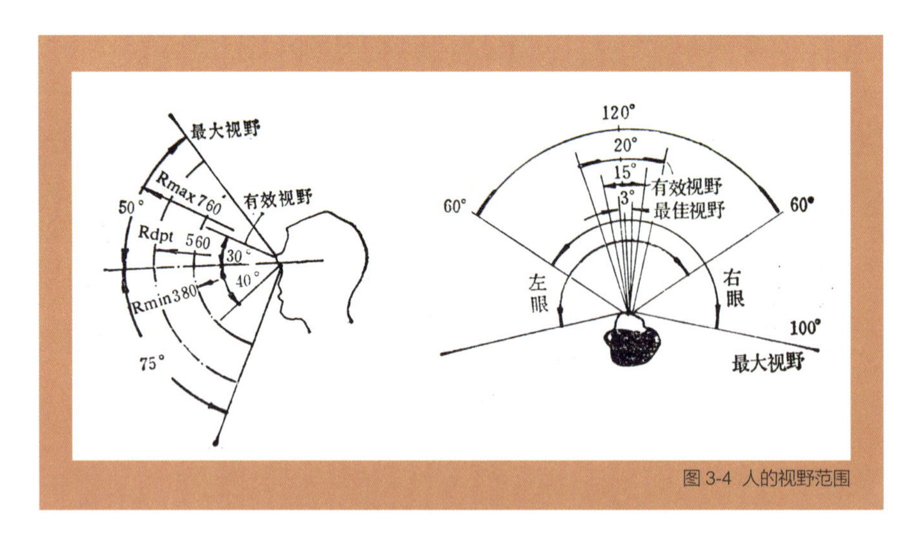

图 3-4 人的视野范围

好。在视野区的边缘上只能模糊地观察物体的存在，而无法辨其细部形状[4]。经验丰富的设计师在从事建筑、景观或环境设计时，总是把处于视野中心的部分和处于视野边缘的部分区别对待，以取得事倍功半的效果。如，设计一幢高层建筑就不能直上直下，平均对待，底部基座部分人们观察方便、接触密切，应细致处理；而在近处难以观察、超出人们水平视野的“躯干”或“上部”部分则可以设计得简洁、洒脱一些。如果距离人的视距或视野范围较远的建筑顶部布满装饰，人们要看清建筑的细部，就需要放慢速度或停下来观赏，这极有可能造成一些不必要的麻烦，如交通拥堵，甚至交通事故的发生。这样的装饰只能是事倍功半（图 3-5，图 3-6）。另外，在视野范围内，同样的物体处于上下左右不同的位置，看起来其大小往往也不一样。受人的视觉定势规律和视觉习惯的影响，一般处于建筑下部和右侧的图形

图 3-5 平均对待的建筑装饰

图 3-6 美国布法罗市保证大厦

4 曹琦，人机工程学，成都：四川科学技术出版社，1991：121.

会显得大一些，而上部和左侧的图形则会显得略小一些。因此，在建筑立面构图中，要想取得一种上、下、左、右均衡与稳定的构图形式，位于上部和左侧要素的实际“重量”应比它们对应位置的要素“重”一些，或“大”一些（图 3-7）。

图 3-7 符合视觉规律的建筑立面装饰

2. 听觉感知

同视觉相比，听觉接受信息的量度要少得多，除特殊人群用声音作为感知环境的手段外，一般人仅把听觉作为获取声音信息用以语言交往、相互联系和洞察周围环境的补充方式。声音虽然短暂且不集中，但却普遍存在于各种环境之中。它对于人们感知城市、建筑、景观以及室内等环境具有重要意义。早在 13 世纪，神圣罗马皇帝腓特烈二世（Friedrich Ⅱ 1215—1250）就曾做过类似的试验。他想知道婴儿在听不到周围任何声音的情况下能否正常发育，便指使下属将一些婴儿放在一个与外界隔绝的环境之中，规定只给他们喂食，不与他们沟通、交谈。后来这些孩子都终生哑巴。由此可知，通过声音与周围世界进行信息交换，获得外部环境感知的重要性。丹麦学者 S.E. 拉斯穆森在《建筑体验》一书中强调：不同建筑反射的声音能向人传达有关形式和材料的不同印象，促使形成不同的体验。

事实上，环境不仅能“观”，同时还能“听”。每一种环境都有着不同的声音，如人声鼎沸、车马喧哗、竹径通幽、松涛如海、暮鼓晨钟、小桥流水等，均反映出不同环境的属性和气氛。从嘈杂的街道进入幽深的小巷或静谧的院落，声音的明显对比会给人留下深刻的印象。特定的声音还可以成为视觉探索的引导，唤起对特定季节、环境和场所的记忆或联想。如清代张潮在《幽梦影》中写道：“春听鸟声，夏听蝉声，秋听虫声，冬听雪声”，以及“闻鹅声如在白门，闻橹声如在三吴，闻滩声如在浙江，闻羸马项下铃铎声如在长安道上”等。甚至有些环境直接就以声音命名，如西湖的“柳浪闻莺”、“南屏晚钟”等，通过这些声音就可以很快地感知环境的性质和氛围。

3. 触觉感知

借助触觉体验物体的质感和肌理也是感知环境的重要方式之一。质感和肌理是来自对不同触觉的感知和记忆。林玉莲在《环境心理学》中提出："对于成年人，主要来自步行和坐卧；对于儿童，亲切的触觉是生命早期的主要体验之一，起先是被动地触摸，继而是主动地触摸。"——从摸石头、栏杆、花卉、灌木到小品、雕塑、壁画、墙面乃至触摸它所见到的一切事物几乎成为儿童时代的习惯。创造富有触觉体验、既可观赏又可"亵玩"的环境对于人们认识和感知环境具有重要意义。在环境设计上，通过粗糙、光洁、纤柔、坚硬等不同质感、肌理材料的运用可以起到划分区域和控制行为的暗示作用。如不同材质的铺地暗示空间的不同功能，用相同的铺地外加图案可起到引导行进路线的作用（图 3-8，图 3-9）。另外，不同的质感，如草地、沙滩、碎石等有时可以用来唤醒不同的情感反应。例如石家庄井陉矿万人坑纪念馆，在长 50 米的坡地上铺满白色卵石，来营造面前犹如累累白骨的景象，试图让人产生一种极度悲伤之后欲哭无泪、毫无生气的环境感受（图 3-10）。

图 3-8 不同图案的铺地

图 3-9 不同质感的铺地

图 3-10 石家庄井陉矿万人坑纪念馆坡地铺装

第二节 城市艺术设计与人的心理

人对环境的感知，不仅是一种生理上的行为，同时也是一种心理上的行为。视觉、听觉以及触觉的感受是一种浅层次的感知。对于环境的记忆与印象取决于这种浅层的感受是否上升到深层感知，即心理认知。从环境的浅层感知到深层感知取决于两个方面：首先是环境本身的形态、色彩，能否吸引观赏者的关注和兴趣；其次是，观赏者对所要感知环境的期待程度。观赏者的心理期待和需求是推动人们对环境进行感知并产生记忆的前提和基础。美国广告设计师 E.S. 刘易斯曾针对人的消费心理模式提出了 AIDMA 法则。他认为人的消费过程是一个从关注到引起兴趣再到付诸行动的过程，即 Attention（注意）—Interest（兴趣）—Desire（消费欲望）—Memory（记忆）—Action（行动）。将这一系列的行为归纳在一起就形成了 AIDMA 设计法则。

AIDMA 设计法则同样也适用于对城市艺术的感知和认识。人们对城市环境艺术的感知首先需要环境拥有自身的特点和独创性。这在设计上就需要设计师运用各种美学原理，从形态、色彩等方面把建筑、景观和公共艺术做得更美。这种美包含两个方面的内涵。

其一是环境的形式足够新颖、足够有特色，才能引起观赏者的注意。所谓的新颖和特色就是指城市环境异乎寻常的创造性。这种独创性不是抄袭、模仿或挪移，而是“情理之中意料之外”的构想。例如法国蓬皮杜艺术中心（图 3-11）、2010 上海世博会中国馆、央视大楼等。另外也可以通过不同元素的打散重构来获得一种新的形势。如室外的立体绿化、公共艺术品、环境设施以及善古融新的建筑等（图 3-12）都能引起人们的关注（Attention）和兴趣（Interest）。心理学家发现，新颖的、对比强烈的图形比缺乏对比的图形更易提升人们的感觉，中等复杂程度的图形也易于引起人们产生感觉，而过于简单或复杂的图形恰恰相反。在城市环境中亦是如此，形式新颖、变化多端的建筑或艺术品往往会成为人们关注的焦点，而造型、色彩单调、平庸或杂乱无章的物体则通常会被人们忽视，而成为城市景观的背景。

其二是环境形式的强度。环境形式的强度可以通过体积、色彩、肌理以及对比等手段来实现。庞大的体积、艳丽的色彩、强烈的造型、色彩对比或动静对比等都容易引起人们的关注和兴趣。如放置在芝加哥市民中心大厦前，由毕加索设计的《怪物》雕塑，该作品造型怪异、奇特，体量高大，与身后 31 层的大厦以及人的尺度

图 3-11 蓬皮杜艺术中心

图 3-12 北京银泰中心

形成了鲜明的对比（图 3-13）。位于芝加哥市政广场上，由亚历山大 · 考尔德设计的《火烈鸟》以其巨大的尺度（高 15.9 米）、热烈的色彩、轻盈的姿态与周围冷漠直立的建筑群形成了鲜明的对比，在四周封闭的空间中展现出生命的狂野，带给人极其震撼的视觉效果（图 3-14）。另外，查尔斯 · 摩尔设计的新奥尔良意大利广场以及贝聿铭设计的法国卢浮宫广场的金字塔等，都成为吸引观者注意的城市艺术要素（图 3-15，3-16）。

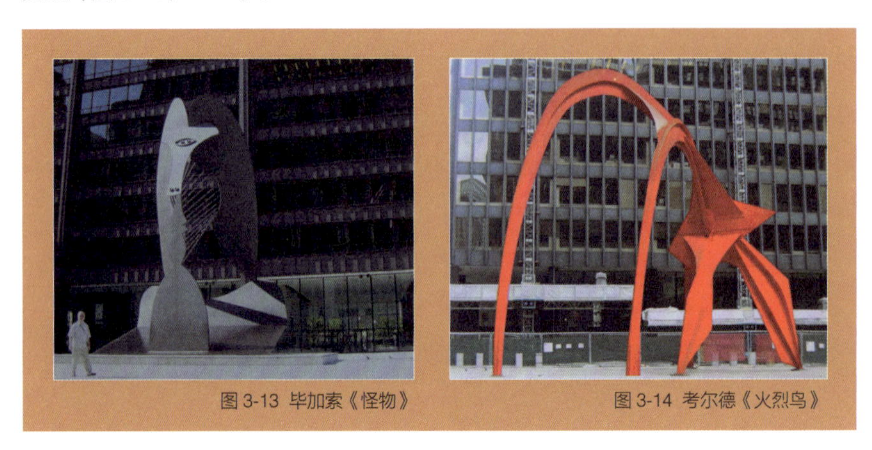

图 3-13 毕加索《怪物》　　图 3-14 考尔德《火烈鸟》

从引起注意到感兴趣是对环境进行感知的第一个阶段，也是进一步产生期待和欲望并引起行动形成印象的前提和基础。第二个阶段就是 AIDMA 设计法则所谓的唤起欲望阶段。接受美学认为，人的期待心理和获得欲望是审美的开端，对城市环境而言，欣赏者首先要产生美学上的好奇，进而加以欣赏和理解。因此，环境审美的过程可以表示为：主体的期望—欣赏—期望心理的变化（如排斥、赞同、理解）—接受（否定或肯定自己的经验）—产生美感。在这一过程中，从期待到欣赏再到产生美感的过程越长，欲望就越强烈。这种接受美学心理在中国传统的园林设计中经常被用到。在古典园林的设计中，借助欲扬先抑的手法，通过大小不同空间形态的分割与组合，来营建一种“山重水复疑无路，柳暗花明又一村”的空间景象。如：

图 3-15 意大利广场　　3-16 卢浮宫金字塔

南京的瞻园以及苏州的留园等江南私家园林，通常入口设计得既曲折狭长，又十分封闭，极大地压缩了人们的视野，让人感到沉闷或压抑。而且，这种狭小、幽长的空间往往会将人的心情压至极点，逃离的欲望会随之上升。但在几经峰回路转之后进一座宽敞院落，顿觉豁然开朗，压抑的心情顿时释放，美感也在这种张弛之间产生。美感的产生会引导欣赏者进一步参观、游览，从而也就形成了对整体环境的印象或记忆。

第三节 城市艺术设计与人的行为

行为不同于心理，是一种外露的行动，它可以被人觉察到。人的行为包含一系列连续状态，每一个前面的状态会引起一个后续的、要求做出决定的状态，这个状态又产生要求再次做出决定的另一种状态。所以，行为是由若干个动作（心理动作、肢体动作）所构成，并受外在条件（环境）和内在条件（行为主体）的制约。美国社会学家纽科姆认为：生理组织状况与社会心理是引起人们产生行为的心理基础。这一观点与凯文·林奇提出的行为场所（Behavior Setting）理论是一致的，即人的行为是由心理状态决定的，而心理状态又受环境的影响，有什么样的环境就有什么样的行为，所以特定的场所就会引导人特定的行为动作。行为心理学创始人瓦特逊将这一系列的动作行为总结后提出了著名的 S → R（刺激→反应）理论。他认为人的一切行为、心理活动都是在刺激→反应的范畴内做出的，这也就是所谓的“环境决定论”。他曾指出：“给我一群健康的儿童，一个由我支配的特殊环境，让我在这个环境里养育他们，我可以担保，任意选择一个，不论他的才能、倾向、爱好如何，他们父母的职业及种族如何，我都可以按照我的意愿把他们训练成为某一行业的专家——医生、律师、艺术家、大商人甚至乞丐和强盗[5]。”瓦特逊的研究说明了环境刺激对人的行为反应的决定性。

现代心理学和行为科学的“环境一行为”的观点认为：人的行为与环境是一对相互作用、相互影响的互动关系。正如马克思所提出的“人创造环境，环境塑造人”。所以，人与环境相互影响、相互依存。环境虽然不是产生某种行为的直接原因，但对行为却可以起到一个过滤器和加速器的作用，即对某些行为起到鼓励或阻止的作用。由于人总是要生活在特定的环境之中，环境就不可避免地会在潜移默化之中影响人的行为，它能给人的行为以限制、鼓励、启发、暗示或引导。中国传统文化中的“昔孟母，择邻处”以及“白沙在涅与之俱黑，蓬生麻中不扶自直”等典故和成语均说明了环境对人的行为影响和熏陶的重要性。美国的《时代》

---

5 邓庆尧，环境艺术设计，济南：山东美术出版社，1995：153.

杂志曾刊登过一项艾弗尔有关环境对儿童智力和行为影响的研究结果：他发现被调查的儿童在他们自己认为“好看的”（橙色、黄绿、淡蓝、粉红）房间中接受测试时，智商能提高12%；而在他们认为 “难看的”（黑色、深绿、褐色）房间中受试时，智商要比平时降低14%。试验中，他把儿童分成两个组，一个组在“好看的”房间里玩耍；而另一组在普通的房间里玩耍。6个月以后，前者的智商要超出后者15%，18个月之后超出25%。而且，前者“积极的社会反应”（友好的言辞、微笑、礼仪）程度也大大提高，“消极的社会反应”（愤怒、敌意、孤僻）则明显下降。这一调查说明了环境对人的心理、行为影响的重要性。艾弗尔的研究理论也验证了“马太效应”在环境—行为中的应用。“马太效应”的核心思想是好的越好、坏的越坏。20世纪50年代日本现代建筑大师山崎实为美国圣路易市低收入人群设计的住宅群“普鲁蒂—艾戈”就是“马太效应”一个典型的例子。山崎实在设计这组建筑时严格遵循了现代主义推崇的功能决定形式的设计思想。建筑以简单的工业材料，特别是混凝土、玻璃和钢材，虽然朴实无华、经济适用，但由于忽视美学，否定装饰，使得建筑缺乏情感。整个建筑群就像一片工整有致的灰色监狱。由于审美愉悦和人性关怀的缺失，即便是低收入的人群也不愿意迁入。从20世纪50年代到70年代这批建筑的入住率不足30%，因为入住率极低，加之卫生状况恶劣，而成为城市流浪者、吸毒人员以及其他犯罪分子的聚集地，1972年7月政府决定将其拆除（图3-17）。“普鲁蒂—艾戈”虽然是一个个案，但也说明了优美的环境会促使人的身心健康与社会和谐，而恶劣的环境则会导致人的生理、心理畸形，加剧社会的不稳定性。

若了解了这一理论，并将其应用到具体的城市艺术设计之中，对于提升人的积极社会反应大有裨益。例如，在传统的中小学教学楼设计中，通常采用单廊或双廊式，以教室为单位开展教学或交流活动。这种布局方式虽然可以满足学生基本的行为活动，但却呆板、缺乏生气，限制了学生的交往和创造性思维的发挥。鉴于这些不足之处，有经验的设计师会从儿童的生理、心理以及行为需求出发，充分考虑学生的需求来进行设计。日本著名建筑师槇文彦在设计静冈县沼泽市加藤学校时对传统的教学空间进行了变革，创造了一个适宜少年儿童活动的环境。在空间上采用开放式布局，打破了门厅、走廊等公共空间与教室等封闭空间的限制，将它们相互穿插、灵活渗透，使门厅、走廊由单一的交通功能变为交通、游戏、交往、休息和阅读的多功能空间。另外，槇文彦还对建筑的整体与细部、室内的尺度与色彩以及室外的环境都做了精心的设计，充分体现了青少年的心理特点和行为需求（图3-18）。

“环境—行为”是现代环境心理学、环境行为学与城市社会心理学理论深入发展的结果。它的出现不仅大大提高了城市环境设计的水平，同时也将环境与人的行为关系的研究推向深入。

为人们创造一个优美、宜居的环境是当代设计师的责任。美国著名景观建筑师

图 3-17 拆除普鲁蒂—艾戈

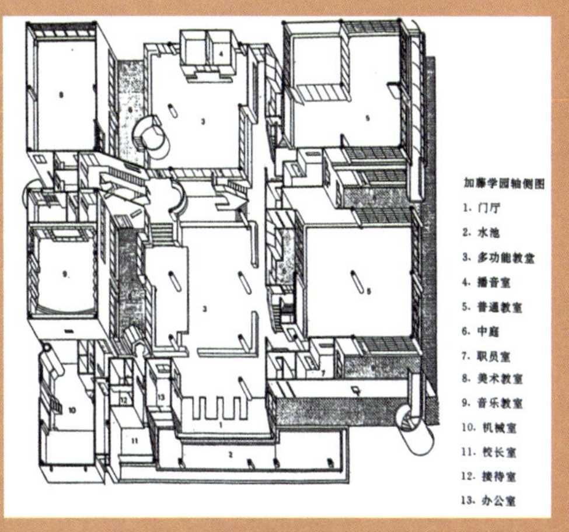

图 3-18 加藤学校教学空间布局

阿尔伯特 · J. 拉特里奇指出："环境设计成功的前提必须是设计者建立为使用者的行为需要服务的思想"，而"设计过程实际上就是探索怎样满足这种行为需求[6]"。这就需要设计师了解人的生理、心理特点以及人们的需求规律，从环境的尺度、温度、绿化、色彩、空间形式等方面入手，才能为人们创造一处宜观、宜居、宜游以及忘老、忘忧、忘倦的诗意栖居地。

推荐阅读：

1.《环境心理学》
2.《人机工程学》
3. E.H. 贡布里希，《秩序感——装饰艺术的心理学研究》
4. E.H. 贡布里希，《艺术与视错觉》
5. 唐纳德 · A . 诺曼，《情感化设计》
6. 扬 · 盖尔，《新城市空间》
7. Karen.A.Franck，《由内而外的建筑——来自身体、感觉、地点与社区》
8. S.E. 拉斯穆森，《建筑体验》

6 转引自邓庆尧，环境艺术设计，济南：山东美术出版社，1995：194.

第四章 城市艺术设计的特征

- 城市艺术设计的复合性
- 城市艺术设计的文化性
- 城市艺术设计的美观性
- 城市艺术设计的适宜性

CITY ART DESIGN

094 → 111

随着城镇化建设步伐的加快以及受打造国际化都市思潮的影响，现代城市的人口、规模、面积不断扩大，城市中充斥的各种各样的信息让人应接不暇，使人们对城市整体空间的感知和印象也越来越模糊。在传统的城市中，人们是依靠城市艺术和城市细节的整合与拼贴所形成的记忆来认识城市的。反观现代的城市，车水马龙、流光溢彩。耸立的高楼气势威武地排成了一片钢筋水泥的“森林”。严格的立方体结构，类似的内部格局，相同的玻璃幕墙，造就了一座座千篇一律、外观雷同，既丧失个性又缺乏特色的城市形态。究其原因，在很大程度上就是因为缺少有特色的城市艺术和城市细节。密斯曾经说：“小处决定成败、细节成就精彩，艺术和细节是一座城市的灵魂和精髓。”它如春风化雨一般，随风潜入夜，润物细无声，会在不经意间提升城市的空间品质，擢升城市的独特魅力，增强市民的自豪感、归属感和认同感。正如凯文·林奇所说：“一个生动和独特的场所会对人的记忆、感觉以及价值观直接产生影响[1]。”

第一节 城市艺术设计的复合性

美国后现代主义建筑师文丘里在《建筑的矛盾性与复杂性》一书中提出了建筑的复杂性主张。他认为，建筑以及城市不是由一种单一要素构成的，而是由许多不同性质的要素共同构成的一个具有复杂结构和矛盾形态的复合体。复杂性作为一种多样性，是城市空间各种讯息的多元化展现，所以他倡导无论是城市还是建筑都要具有丰富的内涵。然而，多样性的统一并不意味着是各种构成元素的简单罗列和随意堆砌，而是要对不同功能和形式的要素加以组织、整合与处理，并最终体现在单独的城市艺术实体上。从城市艺术的起源和发展来看也是这样的，城市艺术通常都是多种功能的复合体。例如西方古典建筑的柱式、中国传统建筑的斗拱和雀替既是功能性构件又是装饰性构件。另外，从人们对城市艺术的使用习惯来看，人们也更希望城市艺术是功能与形式的结合，如室外的直饮水池，既是一个饮水机，同时又是一件精美的艺术品（图 4-1），在解决人们生理需求的同时又愉悦了精神。所以，具有不同使用功能的复合性城市艺术品应该得到推广和普及，因为它可以产生更多有趣的城市要素，并且使人们能更多样化地使用城市空间[2]。

城市艺术的多元化与复合性不仅具有增强城市美感的作用，同时也能为城市居民的行为提供多样化的选择。在一个灵活的范围内满足了人们的不同需求，提高了城市的效率。例如，城市公交站可与阅报板、售货机、电子查询、手机充电、自

---

1 [美] 凯文·林奇著 . 林庆怡等译，城市形态，北京：华夏出版社，2006：94.
2 [丹麦] 扬·盖尔著 . 何人可译，交往与空间，北京：中国建筑工业出版社，2002：151.

行车架以及公共厕所相结合（图4-2）；座椅与花坛、搁板、户外餐桌结合（图4-3）；作为空间照明或装饰的灯具可以和公共艺术、座椅等结合（图4-4）。这种复合式城市艺术元素既洁净美观又节省空间，方便市民生活、游憩，同时也扩大了城市空间的承载能力。

图 4-1 实用与审美相结合的饮水机

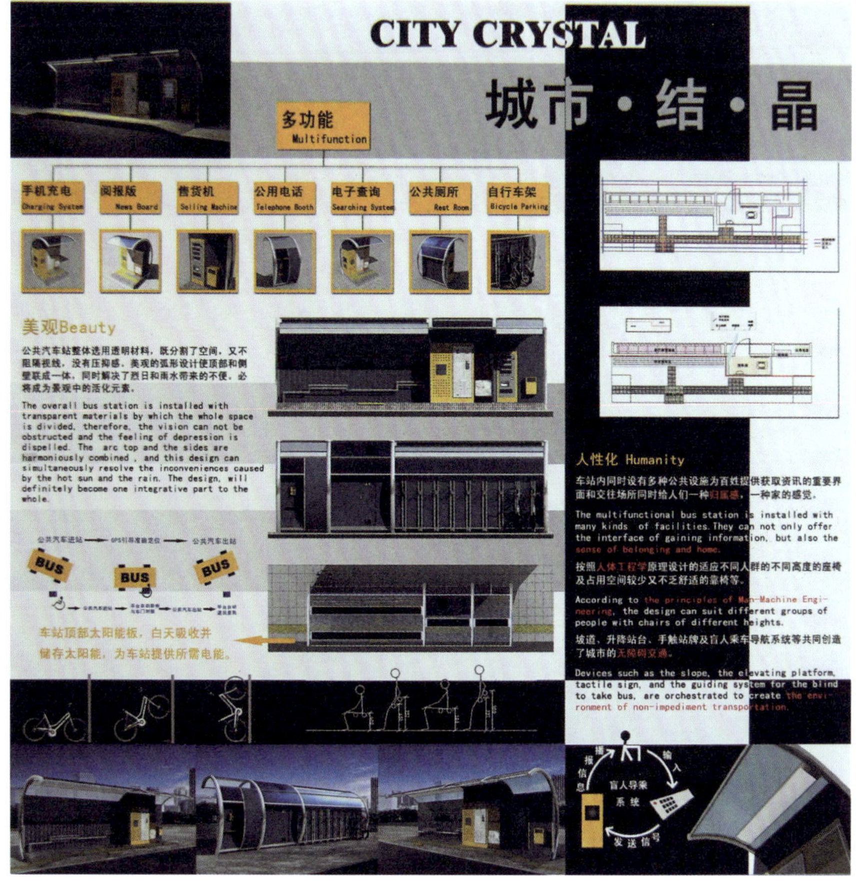

图 4-2 多功能的城市公交站

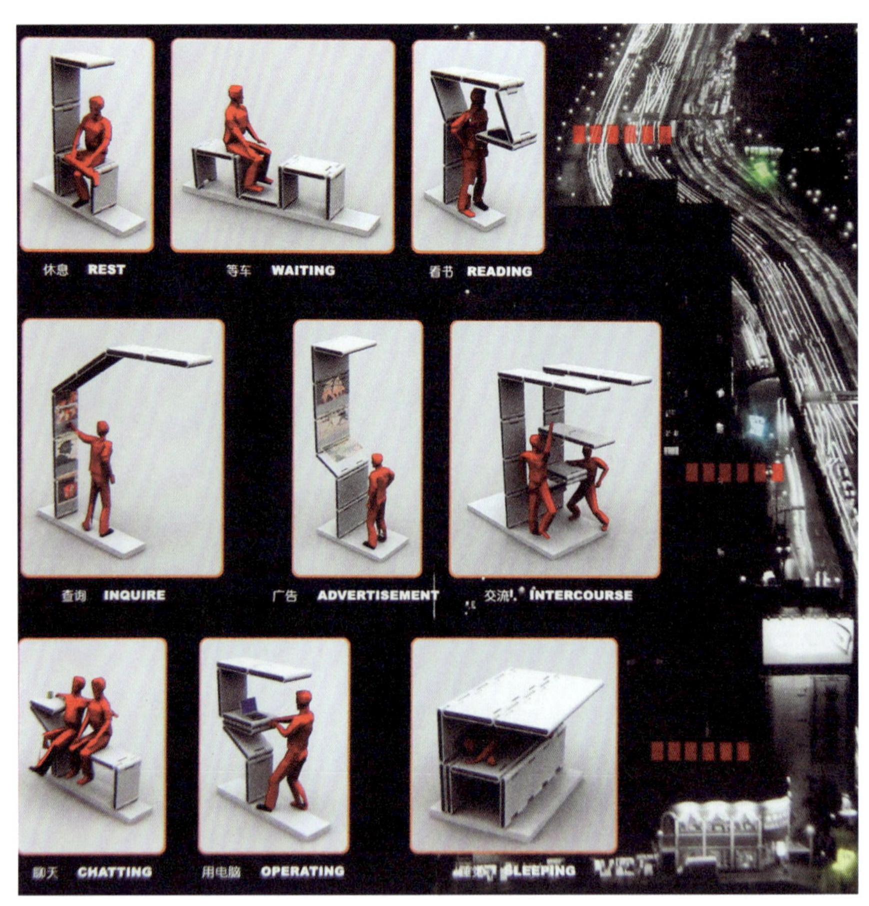

续图 4-2 多功能的城市公交站

图 4-3 多功能的街道座椅

图 4-4 与座椅相结合的照明灯具

城市艺术的复合性不仅仅表现在功能、形式的组合上，而且也体现在使用功能与装饰性，科学性与艺术性，环保性与生态性，历史性与文化性的复合上，这种多样化的统一也是未来城市空间艺术设计的一个大趋势。

第二节 城市艺术设计的文化性

文化是一个国家或一座城市的历史、传统、风俗、生活状态与价值观等非物质因素在漫长的历史演进中的沉积以及在城市空间形态、建筑风格、景观环境和艺术品中的凝聚与烙印。文化并非短暂的虚华之物，它是在岁月的跌宕起伏中形成的延绵不绝的文脉符号，是一个国家和城市的灵魂及其特立独行精神的体现。独特的文化已经成为一个国家或城市获得永续发展的力量源泉。据哈佛大学 2004 年的一项研究报告表明：“世界经济正向有深厚文化积淀的城市转移”。在同质化的竞争时代，为谋求可持续发展以及展现地域的品位与涵养，探索文化以及提炼文化特色已成为城市未来发展的趋势和方向。

伊利尔·沙利宁曾说：“让我看看你的城市，我就能说出这个城市居民在文化上追求什么”。这说明了城市的文化不仅影响到城市居民的行为，同时也直接影响到城市的整体面貌。城市的文化是一个民族、一个时代在长期发展过程中的历史积淀，也是城市居民的生活方式、行为习惯、审美思潮、意识形态以及价值观念的反映。城市的文化就像一面镜子映像过去，照射未来。而且这种文化所具有的地域性、时代性、综合性特征是任何其他环境或者个体事物无法比拟的，“这是因为在城市空间中包含了更多反映文化的人类印迹，并且每时每刻都在增添新的内容[3]”。

令人遗憾的是在强大的国际化浪潮冲击下，当代的城市文化已被荡涤得面目全非，且渐行渐远。全球化席卷下的传统文化消隐，也直接导致了城市形象的日渐趋同与特色匮乏。然而，在国际化、全球化时代，一个国家的城市要想屹立于世界民族之林，并占有一席之地，除具有独创性之外，还必须具有本土文化特色。诚如鲁迅先生所说：“越是民族的，才越是世界的。”如果忽视传统文化价值，不注重民族特色的传承，而是亦步亦趋地跟随、模仿他国，城市就丧失了根脉，成了无源之水，不仅难以形成地域特色，更不可能产生文化认同。因此，在当代城市环境设计中，重新认识传统文化，积极发掘传统文化所蕴含的价值，并进一步促使其与现代性、艺术性相结合，已成为今日城市设计师必须担当的责任和使命。

历史文化在城市艺术设计中的表现是多方面的，在城市的建筑、景观、雕塑、公共设施上都可以体现。因为文化是一种隐性的元素，深藏于各类古典建筑、雕塑、绘画、民间工艺和各种器物等组成的庞大的文化体系之中，所以，在发扬传统时需要将隐含于这些文化体系中的符号提取出来，作为一种传播的“种子”，置于现代文化环境中进行根本的改造和彻底的重建。

传统文化与现代城市艺术的结合包括两个层面的内容。一是对“形”的重构，包括造型、色彩、构件以及装饰等。如：屋顶、斗拱、藻井、彩绘等建筑语汇。二是对“神”（即意）的重构，包括设计思想、艺术精神和审美情感等。如立意构思、空间组合以及意境营造等建筑方式。在二者的关系上，“神”是“形”的内核，“形”是“神”的物化。“形”、“神”之间相恤相生，彼此依存。在对传统文化的传承中要注重“形”与“神”的和谐。如果只重“形”而不重“神”则会有丧失精神之虞；若只求“神”而不求“形”就容易使设计陷入虚幻境地。从当代许多能体现中国传统文化意蕴的城市或建筑设计来看，莫不是“形”与“神”的统一。如贝聿铭先生将中国江南民居粉墙黛瓦的建筑意象与山水画意境完美结合而设计的“苏州博物馆”（图 4-5），何镜堂先生借鉴中国传统建筑构件——斗拱，并将其打散重构、融创再生之后设计的 2010 上海世博会中国馆（图 4-6）以及董雅先生把中国传统文化中金、木、水、火、土五种元素用不同的材质、色彩进行建构、设计的天津古文化街五行雕塑（图 4-7）等都是将中国传统文化符号进行优化、提取之后与现代设计结合、重建的典范。以现代技术手段诠释了对传统文化的承袭。在“古”与“今”，“形”与“神”方面基本都达到了活化民族精神、展现民族特色的效果，完全没有照搬古典形式的生硬拼凑迹象。

3 吴天谋 . 城市细部：设计原理与方法研究，重庆大学硕士论文，2002：74.

图 4-5 苏州博物馆

图 4-6 上海世博会中国馆

金

木

水

火

土

图 4-7 五行雕塑

著名国画大师齐白石先生在谈论绘画创作时曾说："太似则媚俗，不似则欺世。绘画妙在似与不似之间。"对历史文化的传承而言，也应当遵循这一理论，在古典与现代、造型与精神之间寻找一种平衡，不必拘泥于具体的形式，为了体现传统意蕴，刻意强置某些符号或语汇，而是要把握住两点：一是基于传统而超越传统；二是质意为上，质形次之，二者兼得，方为妙品。

近几十年以来，我们的城市艺术设计无论是在思想上还是风格上一直以西方为宗，总是在亦步亦趋地追随西方设计余唾。在这种思想的指导下，造就了当代城市一幅幅"国际化面孔"。这种现象的出现，主要是由于民族自信心的缺失。有些人认为国际的就是先进的，沿袭西方的就是追求进步的。美国作家赛珍珠曾说："中国年轻的一代中，很多人的思想似乎尚未成熟，他们的表现让人惊愕。他们怀疑过去，抛弃传统，丢弃中国古代那些无与伦比的艺术品，去抢购西方粗陋的东西[4]。"这在文化上是一种典型的幼稚和自卑心理。导致这种"抛却自家无尽藏，沿门托钵效贫儿"的文化虚无心态，一方面是因为当代很多设计师缺乏传统文化功底和美学素养而导致的对传统文化的卑怯，另一方面是缺乏集成创新精神。从世界城市艺术的发展与传承来看，中国传统设计文化的传承与再生是最为困难的，因为中国传统设计在几千年的发展中，风格形式和设计语汇相对稳定，没有太大的变化。在传承过程中，如果没有打散重构的勇气和优生融创的精神，发扬传统就会陷入复古主义的窘境。

由于城市艺术的精神意义根植于传统文化之中，在探索当代城市艺术设计的未来发展时，不能无视历史，而是要精研历史，以历史、文化为灵感来源，只有在历史中建构未来，未来才能更辉煌。所以，在全球化进程中要构建具有本土特色的城市艺术风格，并获得国际话语地位，只能反求诸己，在吸收国外先进技术，创造全球优秀文化的同时，建立对传统文化的自信心和自强精神，加强对传统文化精义的体会，将传统城市与建筑文化的精髓有机地融入到现代设计理念之中，才能创造出既有传统文化韵味又具时代气息的城市艺术。

第三节 城市艺术设计的美观性

阿拉伯谚语说："如果你在歌颂美，即使在沙漠的中心也会有听众[5]。"这句话充分表达了美是人类的一种生命现象，歌颂并追求美是人类的天性。著名心理学家马斯洛认为：从生物学意义上来说，人需要美正如人的饮食需要钙一样，美有助

4 [美] 赛珍珠 . 中国之美，读者，2013，8：8-9.
5 周岚等编著，城市空间美学，南京：东南大学出版社，2001：13.

于人变得更健康。鸟语花香、景色宜人的环境能促进人的荷尔蒙分泌，平缓人的心情、抑制冲动。空气污染、声音嘈杂的恶劣环境则会加速人的心跳，导致极端情绪的发生。所以，美国城市规划专家弗里德里克·吉伯德说："城市中的美是一种需要，人不可能在长期的生活中没有美。环境的秩序和美犹如新鲜空气对人的健康同样重要。"美作为一种人与生俱来的天性和心理需求的自然流露，审美需要的冲动在每种文化、每个时代里都会出现，这种现象甚至可以追溯到原始的穴居时代。从茹毛饮血、斯文不作的原始时代，人类就在潜意识里开始了美化行为，并在居住环境、生活用品以及身体装饰等方面体现出来，使之在人们生活的器物中产生了艺术化的倾向（图 4-8，图 4-9，图 4-10）。恰如格罗塞所说："艺术不仅是一种愉快的消遣品，而且是人生的最高尚和最真实的目的之完成。一方面，社会的艺术使个人十

图 4-8 舞蹈纹彩陶盆

4-9 古希腊瓶画

4-10 非洲原始部落人体装饰

分坚固而密切地跟整个社会结合起来；另一方面，个人的艺术因个性的发展却把人们从社会的羁绊中解放出来[6]”。

古罗马建筑师维特鲁威在《建筑十书》中首次明确提出建筑设计的三原则："坚固、实用、美观"。这一原则对西方的建筑和城市设计产生了深远的影响。从古罗马时期到拜占庭、哥特式、罗曼式、文艺复兴以及法国古典主义与集仿主义时期的城市和建筑都遵循着这一规律，并且将"美观"放在了主要地位上，这也是古典主义的城市都拥有自己的人文、艺术特色的原因。现代主义之后维特鲁威的"坚固、实用、美观"三原则被改成了"经济、实用、美观"。虽然现代主义的城市和建筑也提倡"美观"，但"美"却是在最后才考虑的。被现代主义设计奉为圭臬的"形式遵循功能"、"功能不变形式亦不变"、"功能合理了形式自然就美了"以及"装饰就是罪恶"等思想严重限制了艺术在城市中的发展，"美"被当作一种奢侈品，束之高阁了。

由于缺乏美和艺术的参与，城市成为一架供人居住的机器，冰冷的玻璃幕墙、缺乏人情味的方盒子，使世界各地的城市如同流水线上生产出来的工业产品一样，千城一面，毫无特色。王受之在《现代建筑设计史》中称：从纽约到东京，从北京到上海，从巴黎到布宜诺斯艾利斯，所有的城市面貌都是一样的。所以，具有特色的城市空间的营造离不开优美的城市艺术。在富有美感的城市艺术的感染下城市的品质和魅力会陡然上升，并成为人们流连忘返的胜地。如查尔斯·莫尔所说："某些特别的地方独具魅力，可以作为整个世界的暗喻。这样的魅力通常来自于集中，就是浓缩到一些基本要素上，它的效果集中起来吸引我们，让我们流连一个地方[7]"。因此，城市环境的设计不仅仅只是满足基本的功能需求，同时也需要进行艺术处理，不论它表现出来的是抽象的还是具象的形态。艺术介入城市空间，以艺术的方式建设城市可以在很大程度上提升空间的观赏性和趣味性，改变工业化以来形成的城市单调、乏味的面貌，美化城市环境，并形成特色、提升记忆、丰富内涵。诚如吴良镛先生提出的：城市是科学、人文与艺术的综合体。

第四节 城市艺术设计的适宜性

城市艺术设计既要适用，又要在城市空间环境中处理恰当，体现城市艺术的价值和品质。城市艺术设计的适宜性体现在两个方面：一是尺度的适宜性；二是地域的适宜性。

---

6 [德] 格罗塞著，蔡慕晖译，艺术的起源，北京：商务印书馆，1984：241.
7 [美] 查尔斯·莫尔，威廉·米歇尔等著，李斯译，风景，北京：光明日报出版社，2000：104.

1. 尺度的适宜性

城市艺术设计作为体现城市魅力和活力的构成元素，必须满足功能性、合理性和易感性三个要求[8]。在这三个要求中，功能性是首要的。城市艺术必须满足使用的基本条件，或具有实用功能或具有欣赏功能或二者兼具，这也就是通常所说的城市艺术的功能性。其次，城市艺术要具有能够改变城市冰冷、严肃面貌的能力，使城市平易近人，容易让人接近和使用。这也是“城市，让生活更美好”的基本要旨。再次，城市艺术设计必须具有合理性，即城市艺术的设置既要符合人的使用要求，又要符合人的行为习惯以及对艺术的感知方式。合理性是确定城市艺术的形态、材料、色彩、建构方式的基础和前提。

城市艺术的适宜性主要体现在三个方面：距离与尺度的适宜性，速度与尺度的适宜性，空间与尺度的适宜性。

1）距离与尺度的适宜性

人与艺术品的距离，艺术品的大小、尺度以及位置直接影响人对城市环境的感知。人类学家爱德华 · T. 霍尔在《隐匿的尺度》一书中详细分析了人的感知方式与体验外部世界的尺度。他提出视觉作为一种距离型的感受器官，它对外部环境信息的接受要受主客体之间距离的制约。他认为 70 ~ 100 米是清晰感知周围环境的最远距离，超出这个距离，人对环境的记忆与感知就会变得模糊。30 ~ 35 米是感知大型物体的有效距离，20 米以内由于其他感知器官的补充就能够清楚地感知到客体的细节。另外。霍尔还进一步指出以下观点。

0 ~ 0.45 米为亲密距离，是一种表达温柔、舒适、爱抚以及激愤等强烈情感的距离。

0.45 ~ 1.30 米为个人距离，是亲近朋友或家庭成员之间谈话的距离（图 4-11）。

图 4-11
人际交往的距离

8 吴天谋，城市细部：设计原理与方法研究，重庆大学硕士论文，2002：74.

1.30 ~ 3.75 米为社会距离，是朋友、熟人、邻居、同事等之间日常交谈的距离(由咖啡桌和扶手椅构成的休息空间布局就表现了这种社会距离 ）（ 图 4-12 ）。

大于 3.75 米为公众距离，是用于单向交流、演讲或者人们只愿意旁观而无意参与的这样一些较为拘谨场合的距离（ 图 4-13 ）。

这样的距离与强度，即密切和热烈程度之间的关系直接影响到人们对城市艺术的接受。在尺度适中的城市和建筑群中，窄窄的街道、小巧的空间，这些温馨宜人的城市环境使人们在咫尺之间便可以深切地体味城市和建筑细部以及公共艺术与公

图 4-12 街头咖啡座

图 4-13 公众距离

共设施的造型、质感、肌理所散发的美感。反之，那些存在于巨大的广场、宽广的街道中的城市艺术的细节则容易被人忽略。

2）速度与尺度的适宜性

人对城市艺术的感知除了与主体和客体的距离相关以外，还与主体的运动速度有关。扬·盖尔在《交往与空间》一书中指出：人的感觉器官天生惯于感受和处理以每小时 5 ~ 15 千米的速度步行和小跑所获得的细节和印象。如果运动速度增加，观察细节和处理有意义的信息的可能性就大大降低。例如，当公路上发生交通事故时，其他驾驶员会将车速降到每小时 8 千米左右，以便看清发生了什么[9]。这一理论不仅对于城市艺术设计具有重要的借鉴意义，从某种程度上也可以看作是城市艺术设计的准则。

在具体设计上，首先要明确城市艺术元素位于城市的什么位置，是主干道两侧，还是步行道两侧。位置不同的，其尺度和规模也是完全不同的。由于城市主干道宽阔且行车车速较快，无法观赏细节。为使人看清城市的雕塑、标志物、广告牌或相关标识，就需要将它们的造型、色彩进行夸张，使其变得更醒目；或者减少细部设计，降低视觉干扰，突出整体性。所以，位于主干道两旁的建筑装饰或艺术品不需要过多关注细节，而是将精力放在形态和色彩的推敲上。步行道上的人们由于行进速度较慢，有闲暇的时间欣赏和领略城市或建筑的细部。所以，位于步行道两侧的建筑、公共艺术和公共设施则需要以人的尺度为基准，精雕细琢、仔细推敲，以最大限度地满足人们的审美需求。

3）空间与尺度的适宜性

人作为一种环境型的动物，无时无刻不在接受着来自周围环境的各种信息。这些信息对人的情感而言可能是积极的，也可能是消极的。如适宜的空间尺度会让人感觉轻松愉快，反之就会感到紧张、压抑。芦原义信在《街道的美学》一书中就以街道和建筑的关系分析了不同的空间尺度对人的情感、心理的影响。他以街道的宽度为 D，建筑外墙的高度为 H 做假设，当 $D/H > 1$ 时，随着比值的增大会逐渐产生远离之感，超过 2 时则产生宽阔之感；当 $D/H < 1$ 时，随着比值的减小会产生接近之感；当 $D/H = 1$ 时，高度与宽度之间存在着一种匀称之感[10]。从这些 D、H 的比值变化可以看出 $D/H = 1$ 是城市空间性质的一个转折点，也是意大利文艺复兴时期达·芬奇提出的适宜城市的空间尺度。从城市艺术发展的历史来看，也印证了这一点。中世纪的街道狭窄、幽长，让人感到压抑；文艺复兴时期人本主义复兴，城市街道的宽度与建筑的高度相等，空间尺度宜人，既无压抑感，亦无疏远感；巴

---

9 [丹麦] 扬·盖尔著 . 何人可译，交往与空间，北京：中国建筑工业出版社，2002：69-73.
10 [日] 芦原义信 . 尹培桐译，街道的美学，天津：百花文艺出版社，2007：46-47.

洛克时代的城市由于皇权至上，为了体现帝王的威仪，街道非常宽阔，行走在其中的人有一种远离感（图 4-14）。

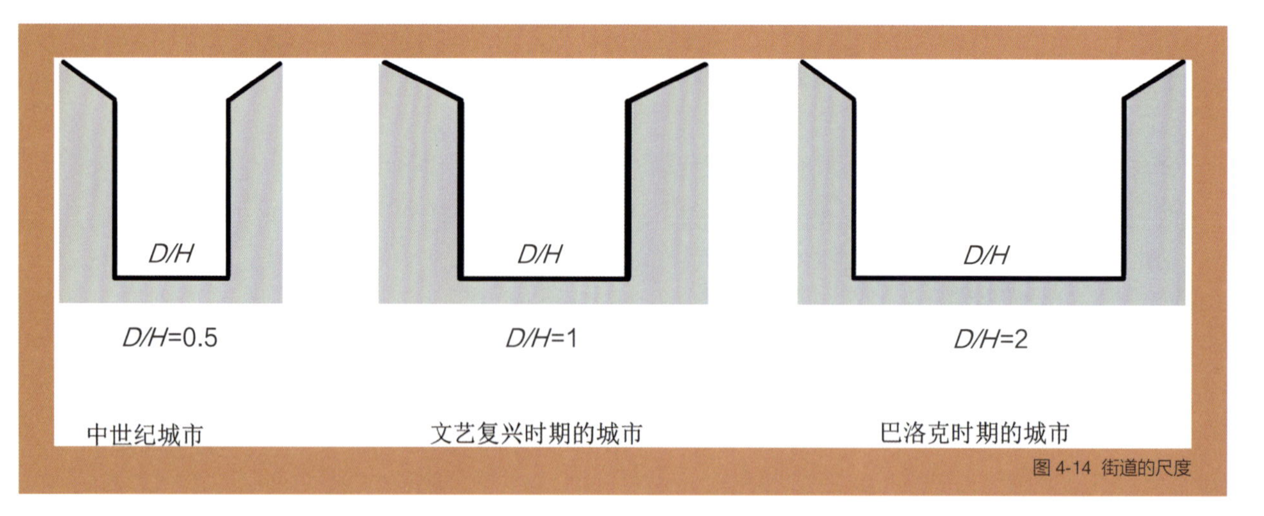

图 4-14 街道的尺度

D/H = 1，2，3…等数值不仅是营造较为理想的城市空间的依据，同时也是城市艺术设计的依据。例如，广场中的雕塑或公共艺术品的尺度就必须综合考虑广场的面积。如果广场面积太大，位于其中的雕塑，尤其是主体雕塑不能太小，否则就会被广场中的其他景观淹没，人无法感觉到它的存在。如果广场面积较小，则雕塑不宜太大，太大则会对人造成压抑感和紧迫感。另外，公共艺术品的设置还要考虑周围建筑物的高度。位于高层、超高层建筑前的艺术品不宜太小，适宜的高度为建筑物高度的 1/（8 ~ 10）（当然，这不是绝对的，还要视艺术品与建筑物的距离而定，离建筑物越近，艺术品则可越高，反之亦然），使艺术品成为人与建筑之间的缓冲，弱化建筑对人的心理压迫感。低层建筑前的艺术品不宜过大，适宜的尺度为人的高度，否则可能对人造成阻障感或压制感。

2. 城市艺术与地域的关系

城市艺术与地域的关系即城市艺术设计要体现场所精神和地缘文化的特征。场所精神的意涵最早源于古罗马，受泛神论思想的影响，古罗马人认为“所有独立体，包括人和场所都有其守护的神灵伴其一生”。20 世纪 70 年代末，挪威著名的建筑师、历史学家诺伯格·舒尔茨在《场所精神——迈向建筑现象学》一书中将场所精神的概念引申至建筑和城市设计领域。舒尔茨认为：“城市形式并不是一种简单的构图游戏，形式背后蕴含着某种深刻的含义，每一场景都有一个故事。”置于特定场景之中并作为城市有机组成部分的城市艺术必然要成为这一故事的载体，让人们在同城市艺术的交流和互动过程中，察知城市的历史文化、体悟城市的精神内涵和延续城市的感觉与记忆。

地缘文化（Geo-culture）是一个地区在长期的历史发展演化中沉积而成的一种生活观念和生活态度，是一个地区的历史、文化、传统、风俗以及环境的综合体。它与场所精神一起成为一个城市的灵魂。由于每一城市或地区的历史文化、民风民俗以及成长经历不同，在漫长的城市演进过程中都会形成自身独特的性格和特征，而且这种特性是具有地域性、唯一性和专属性的，是一城市区别于其他城市的客观存在。

城市艺术作为一种具有历史和空间地缘范畴的城市形态，它是在特定的文化氛围和地域环境中孕育而成的，属地的文化和场所的特性成为影响并制约它的形态构成的主要因素。因此，场所精神和地缘文化所体现出的独特性、唯一性也就决定了生长于其中的城市艺术的专属性和唯一性特征。受特定历史文化、地域环境滋养的城市艺术会于潜移默化中透射着属地的文化和场所精神，并在与彼此的共融中阐扬着城市独特的文化内涵及其价值取向。与此同时，场所精神与地缘文化的唯一性又制约着城市艺术使其具有不可移易性。《考工记》言："橘逾淮而北为枳，鸜鹆不逾济，貉逾汶则死，此地气然也。郑之刀，宋之斤，鲁之削，吴越之剑，迁乎其地而弗能为良也"。其意是说生长在淮河之南的橘树移易淮河以北性质就会发生变化，成为枳。鸜鹆飞越济水，貉向北跨过汶水就会死亡。而郑地之刀，宋地之斧，鲁地之书刀，以及吴越之剑，离开当地制作就不能够称之为精良，这都是由地域特征造成的。丹纳在《艺术哲学》中也曾指出："要同样的艺术在世界上重新出现，除非时代的潮流再来建一个同样的环境"。由此察知，作为承载地域文化与体现场所精神的城市艺术不可能摆脱使其赖以生存和延续的特定的场所环境和文化氛围的界限而独立存在。如若脱离了"生于斯，养于斯"的文化根脉与地域环境，不能向世人传达所处场所的精神、文化及其价值取向，城市艺术势必会成为无本之木和无源之水，因缺乏同文化和地域环境的关联而蜕变为一种没有灵魂的艺术躯体。所以，城市艺术是一种具体的、历史的、特殊的艺术形式，不具有普适性（图 4-15，图 4-16）。例如地处海河流域的天津是九河下梢之处，在明清时代海运、漕运发达，到了近代社会以后，又是我国工商业最发达的城市之一，曾经创造了中国近代历史上的 100 余项第一。如中国历史上第一个现代化的邮政机构、有轨电车、自来水和路灯等。天津的城市艺术设计如果要体现出自己的地域特色，就必须立足于这些传统的文化，从传统中寻找未来，未来才能更辉煌。《潞河督运图》以及《邮路漫漫》等公共艺术品就是对历史和地域文化的发掘，它以其直观的形象，对天津的地域文化和场所精神做了最好的阐释。

但当前，很多城市在艺术设计的探索方面，置自己的地域特征、历史文化于不顾，盲目地照搬其他地区城市艺术建设方式，如西部缺水地区和北部高寒地区建设大面积的喷泉广场、移植热带名木。由于"水土不服"，喷泉广场刚建成不久就废弃了，

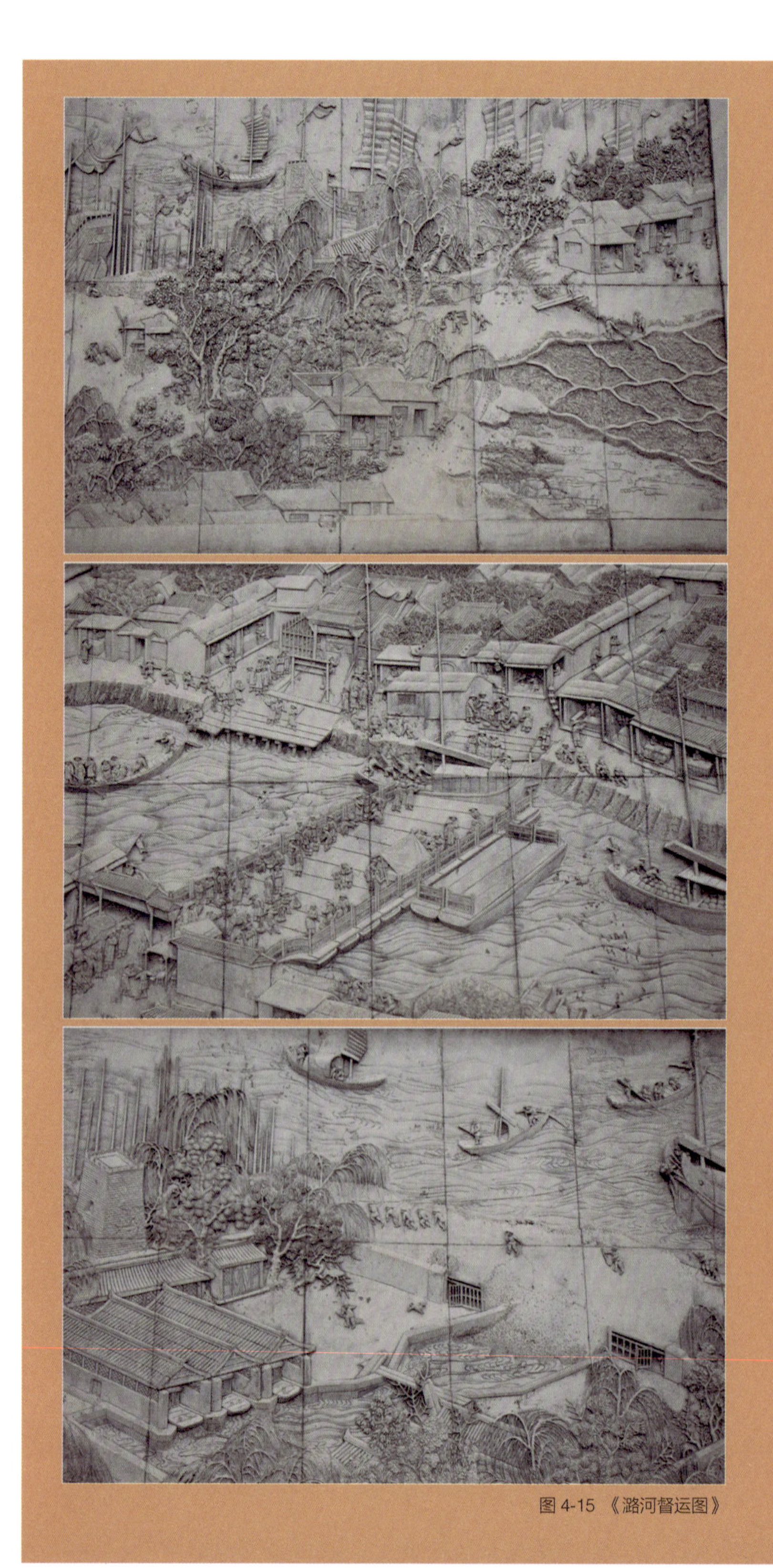

图 4-15 《潞河督运图》

图 4-16 《邮路漫漫》

高价购买的热带植物很快就枯死了，另外也有一些地区不假思索地直接将其他国家或地区的艺术品挪移过来，造就了许多“山寨”城市艺术。那些花费巨资通过“乾坤大挪移”手法建设的城市艺术“仿品”因尺度、环境的改变而像东施效颦一样，不知所云，饱受诟病。此种对场所精神和地域文化漠视的建设行为，不仅造成了人力、物力的浪费，同时也是一种不可持续的城市艺术建设模式。所以，一座城市要构建自己的艺术特色就必须根植于特定的场所特征和地域文化，切不可盲从、跟风。

推荐阅读：

1. 卡尔松，《环境美学——自然、艺术与建筑的鉴赏》
2. 阿诺德 · 柏林特，《生活在景观中——走向一种环境美学》
3. 卡菲 · 凯丽，《艺术与生存》
4. 爱德华 · T. 霍尔，《隐匿的尺度》
5. L. 奥姆斯特德，《美国城市的文明化》
6. 岸根卓郎，《环境论——人类最终的选择》

CITY ART DESIGN

第五章 城市艺术设计的构成要素

- 公共艺术要素
- 环境设施要素
- 建筑装饰要素
- 道路铺装要素
- 环境绿化要素
- 城市色彩要素

112 → 193

从城市建设的发展历程来看，城市艺术与城市规划、城市设计以及建筑设计一起共同承担起了构建城市形态、塑造城市形象的重任。城市艺术是一种视觉艺术，与其他三者相比它更重视城市空间环境的可观性与可感性。城市艺术作为城市形态的点睛之笔，对于产生城市记忆、展现城市特色、凝聚城市向心力、塑造市民荣誉感以及增强城市身份认同等方面均起到举足轻重的作用。对于一座伟大而优美的城市而言，只有宏伟的建筑是不够的，还要有丰富的环境细节，例如：公共艺术、街头长凳、候车厅、道路铺装、灯具、喷泉、花坛以及垃圾箱等。虽然这些城市元素的体量很小，甚至微不足道，但它们在城市中的作用却是非常大的。诚如芒福汀所说："它们充实了大多数观者的印象，没有这些丰富的细节，城市景观就会大为暗淡[1]"。

另外，城市艺术作为一种具有可读性和可识别性的城市整体形象，超越了单体建筑的美化与装饰，丰富了城市的文化内涵，提升了场所的精神品质。不仅在视觉上镌刻着城市的历史、文脉，同时也在记忆上延续着城市的感觉和印记。正如凯文·林奇在《城市意象》当中所说："良好的城市环境给它的拥有者重要的感情庇护，人们因而能与外部环境相协调"，"清晰的、可识别的环境不仅给人们以安全感而且还增强了人们内在体验的深度和强度"。

城市艺术设计不仅是一种城市美化形式，同时也是一种城市建设的方式、方法。它并不是由某种孤立的艺术形态实现的，而是一门综合性的跨学科艺术，是由包括公共艺术、环境设施、建筑装饰、道路铺装、环境绿化以及城市色彩等在内的不同艺术门类构成的一个艺术综合体。对一座美丽宜居的城市而言，城市魅力和城市品质的最终形成有赖于这些多样化的构成元素的有机统一和相互融合。

第一节 公共艺术要素

1. 公共艺术的概念

公共艺术作为一种艺术观念或文化现象是当代大众美学以及日常生活美学的延伸和社会民主化进程发展的必然结果。它突破了传统艺术的藩篱将艺术的概念扩大化，正如刘茵茵提出的公共艺术即"那些在传统的画廊或美术馆系以外发生的当代艺术类型[2]"。公共艺术的范畴已然超越了传统的以满足人的审美体验或精神需求为主的雕塑、壁画等视觉艺术形式而扩展到了建筑、景观、公共设施和装置艺术等具有艺术性的视觉形态或艺术行为领域。

---

1 ［英］克里夫·芒福汀等著，韩冬青等译，美化与装饰，北京：中国建筑工业出版社，2004：111.

2 刘茵茵编，公众艺术及模式，上海：上海科学技术出版社，2003.

公共艺术概念的广泛性和兼容性特征决定了其价值属性的多元化与多义性。公共艺术融入都市并不仅仅只是充当城市的“化妆品”。置于特定场所之中的公共艺术品在“装点”和“美化”环境的同时，更重要的是要演化成为一种物化的“文化符号”，承担起传承地域文脉、体现场所精神、追述城市记忆、产生地域认同和提炼城市特色的文化论述以及促进社会民主进程之功能（图 5-1，图 5-2，图 5-3）。即公共艺术的美学功能、文化功能与社会性是构成完整的公共艺术不可或缺的部分，只有三者的相互结合才能称之为真正的公共艺术，偏执于任何一个方面都会导致对公共艺术精神的曲解。

图 5-1 哥本哈根的小美人鱼

图 5-2 巴黎的埃菲尔铁塔

图 5-3 维也纳的斯特劳斯像

2. 公共艺术的发展

1）公共艺术在国外的发展

现代公共艺术观念发轫于美国，其思想根源最早可以追溯到 19 世纪末 20 世纪初美国的“城市美化运动”（City Beautiful Movement）。1893 年，芒福德·罗宾逊借芝加哥举办世博会的机会呼吁通过增加公共艺术品，包括建筑、灯光、壁画、雕塑和街道装饰等对芝加哥的城市进行美化以改善颓废的城市形象，提升社会秩序以及道德水平。芝加哥世博会的巨大成功，引发了“城市美化”思想在世界各国的传播。尤其是“城市美化”主张借助城市视觉形象的改变，来改善社会秩序和物质环境的做法成为一种模式，被其他国家看作是重塑社会形象的一剂灵丹妙药而广为接受。

在 20 世纪 30 年代的经济危机之时，美国总统罗斯福为缓解经济危机导致的社会萧条以及为恢复美国的经济、重振美国的形象，在新政中再次提出旨在促进本国文化福利建设的艺术政策，并委派公共事业振兴署向艺术家提供大型壁画创作的工作机会。寄希望于通过为艺术家提供就业机会，一方面缓解当时巨大的就业压力，另一方面来改善颓败的社会形象。这一政策的实施成为现代公共艺术介入都市空间的肇始。1965 年，美国正式成立“国家艺术基金会”（National Funds For

Art）。基金会的宗旨之一便是向美国普及艺术。当时的“艺术为人民服务”已成为美国的国策之一[3]。

随着公共艺术在改善城市形象、提升城市品质方面的作用愈加显著，除国家层面积极推进公共艺术建设之外，美国各州也非常重视公共艺术的建设，并纷纷通过立法的形式来进一步支持和推广公共艺术介入都市建设。费城、芝加哥和纽约等城市分别于 1959、1978 和 1982 年相继颁布了《艺术百分比法案》（Percent For Art Program）。该法案规定“任何新建或翻修的公共建设项目，包括各类图书馆、学校、医院、公园、法院、交通枢纽、警察局、公共卫生设施甚至监狱在内，其工程预算的百分之一必须用于购买艺术品以美化环境”。

虽然美国各州都制定了百分比艺术法案，但由于各州的具体情况不尽相同，所以各州的公共艺术法案的操作模式也迥然不同。其中以洛杉矶和纽约的百分比艺术法案最具代表性。

在公共艺术的建设方式上，纽约的公共艺术体制依据不同的场所及其不同的艺术类型将公共艺术管理机构分设成三个部门，即：百分比公共艺术计划室、捷运公共艺术办公室和公立学校公共艺术计划室。这三个部门各司其职，分管不同场所和环境中的公共艺术建设。洛杉矶的公共艺术则是在重建局的统一管理之下，由艺术计划、艺术设施和文化信托基金三个部分组成，这种模式为投资者提供了更多的选择，投资者可以选择其中任何一种方式参与公共艺术建设（图 5-4，图 5-5，图 5-6）。

在资金的来源和使用方面，纽约和其他城市的百分比法案规定只有政府投资的公共建设项目需要预留 1% 的公共艺术经费，因此，它的公共艺术资金的来源主要是以政府出资为主。洛杉矶的公共艺术法案规定无论是政府公共项目，还是私人建

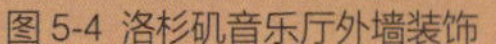
图 5-4 洛杉矶音乐厅外墙装饰

图 5-5 芝加哥的公共艺术

图 5-6 纽约地铁站公共艺术

3 黄健敏著，百分比艺术——美国环境艺术，长春：吉林科学技术出版社，2002.

设项目都必须留出一部分基金给公共艺术，因而，它的经费主要来源就形成了政府出资、私人投资或民间捐助的多样化渠道。在资金的使用上洛杉矶重建局也为投资者提供了多种选择，1% 的基金可用于购置公共艺术品或投资公共艺术建设，如果暂时不设置公共艺术亦可将全部基金悉数存入文化信托基金，由重建局在做全盘统筹之后再决定公共艺术的计划或实施。

在公共艺术的导入机制上，美国以及其他国家的城市通过多年的公共艺术建设实践，形成了较为完善的融入制度。在公共艺术融入都市空间方面普遍采取一种横向联合模式，即艺术家在建筑设计阶段就介入整个设计过程，与不同领域的人员进行默契合作，以协调公共艺术与建筑和周围环境的关系。具体程序为：开发商在进行建筑的设计开发之前，就要向公共艺术主管部门提交包括建筑、景观以及公共艺术计划在内的方案和图纸以供审核。整个建设程序从方案的构思、草案计划到方案修订再到最终方案的确定，每一个环节都要经过严格的核查，只有核查通过后方能进行下一步工作。通过这种横向合作方式产生的公共艺术能与周围环境形成良好的融合与共生关系。

在公共艺术家的遴选制度上，美国各城市大多采用设立公开的艺术家档案数据库的方式。档案数据库向艺术家免费开放，每一位有志于参与公共艺术计划的艺术家都可以将自己的履历和作品等资料输入数据库，进行登记注册以备公共艺术委员会选择。

在公共艺术品的选择方面，美国的纽约、达拉斯和芝加哥等城市大都采取公共艺术顾问小组（艺术品遴选委员会）和公共艺术委员会相结合的方式。顾问小组由艺术家、社区代表、建筑师以及负责工程的政府代表组成，决定艺术品的选征方案。艺术委员会由专业人员、社会人士和负责公共艺术建设的政府代表构成，负责将顾问小组遴选的公共艺术方案汇总后报送市长建设咨询小组和市议会审核，经议员讨论通过后方可执行。这种公共艺术作品遴选制度既避免了公共艺术沦为少数人把持或垄断的对象，又使公共艺术的建设体现出民主性和公众参与性。

在公共艺术品的后续管理方面，美国达拉斯市的经验值得借鉴。达拉斯采取成立艺术管理委员会的方式对公共艺术进行管理。管理委员会的职责就是每十年对该市的公共艺术政策和艺术作品进行评估，以此来决定现存公共艺术品是否有继续存在的价值和必要。这种做法沿袭了美国国家艺术基金会的规则，国家艺术基金会规定每一件公共艺术作品一旦获准设立至少有十年的“生存期”。其目的在于保障艺术作品免遭来自政治或其他领域因素的制约或左右，不至于让公共艺术品成为政治纷争或城市改造运动的牺牲品。如果作品未到十年却遭到民众的反对或因环境的变更而需要对公共艺术的存留做出抉择，公共艺术主管部门会书面通知艺术家然后再决定其命运。如果艺术品获准拆除，政府会对艺术品进行公开标售，其销售所得的 15% 归艺术家个人所有，其余的 85% 则缴入公共艺术基金，由基金会决定其使用权。

这种规程既体现了对艺术家的尊重，同时也体现了对公众权利的保障。

受美国公共艺术政策的影响，德国、法国、瑞典、日本以及澳大利亚等国也援例而行，相继颁布了类似的公共艺术法案，为公共艺术在本国的发展提供了坚实的政策保证（图 5-7，图 5-8，图 5-9）。

图 5-7 法国巴黎的公共艺术　图 5-8 德国鲁尔工业区公共艺术

图 5-9 日本街头的公共艺术

2）公共艺术在国内的发展

我国的公共艺术早在 20 世纪 70 年代末已经开始萌芽，由于受各种条件的制约，90 年代以后才获得了长足的发展。公共艺术观念在我国虽然仅有二十多年的历史，但在建设过程中也涌现了一批既有文化内涵、地域精神又有时代气息和美学涵养的公共艺术作品。例如著名雕塑家潘鹤为珠海设计的《珠海渔女》，矶琦新为天津滨海新区创作的抽象雕塑等。这些作品已不仅仅是一座单纯的城市雕塑而是已经升华为城市的象征和文化符号，在静默中阐扬着城市的精神、凝聚着城市的魅力（图 5-10，图 5-11）。

图 5-10 《珠海渔女》

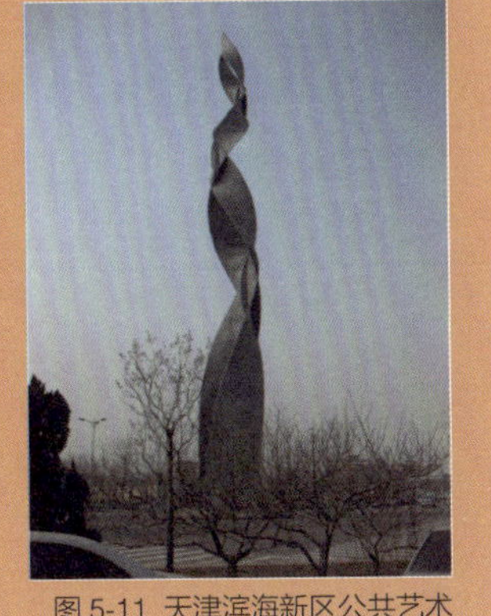

图 5-11 天津滨海新区公共艺术

据相关资料统计，我国公共艺术作品（仅以城市雕塑为例）在数量上已经超过欧美国家位，居世界前列，成为新的艺术之都。但公共艺术数量上的优势并未成为质量上的优势。由于我们的公共艺术起步晚、发展快，各项政策制度滞后，加之理解上又有失偏颇，各城市的公共艺术建设都存在不同程度的问题。一些主体文化缺失、场所精神匮乏、质量粗劣的作品充斥于城市的公共空间之中。此类艺术品非但不能改善城市的品质，反而降低了城市的可观性与美誉度。

2004 年，《北京青年报》刊发了北京市规划委员会对北京市城市雕塑普查的结果，数据显示，北京现有各类雕塑 1836 座。其中，优秀作品 1277 座，占总数的 70%；一般作品 544 座，占总数的 20%；比较差的 15 座，占总数的 1% 左右。北京市为规范公共艺术的介入制度以及最大限度地发挥公共艺术在城市建设中的作用，于 2006 年成立了由北京美术家协会、清华大学美术学院、中央美术学院、中国艺术研究院和北京市规划委员会共同组建的“北京公共艺术委员会”。这一组织的成立标志着公共艺术在北京发展的规范化、秩序化和制度化。同年，上海也对该区域的城市雕塑展开了调查。结果显示，上海目前现有城市雕塑 1034 座（也有数据为 1037 座），其中优秀作品仅为 104 座，占总数的 10%，其余 90% 大多为平庸之作。上海针对本市公共艺术的现状，为进一步提升公共艺术质量而制定了《2004—2020 上海城市雕塑整体规划》，从空间布局、艺术形式等方面来规范公共艺术的建设。北京与上海在公共艺术方面的政策的颁布和实施为公共艺术正常、健康的发展奠定了基础。天津市针对公共艺术在城市建设中的意义以及为进一步加强城市雕塑的规划、建设和管理，体现城市文化、提升城市景观水平，于 2007 年 12 月出台了《天津城市雕塑管理办法》。该办法从城市雕塑的创作与环境、设置与审批、制作与施工以及后期的保养与维护等方面以法规的形式确定下来，并提出城市雕塑的设置应当符合城市规划的要求，遵循统一规划、合理布局的原则，突出其创作的独特性和创新性。2009 年我对天津的城市公共艺术展开了普查，天津目前有各类公共艺术作品 900 余组 / 座，其中城市雕塑 692 组 / 座，壁画 97 组 / 处，装置艺术 111 组 / 件。天津的公共艺术在数量上虽然没有达到北京（1836 座）和上海（1034 座）的高度，但是总体质量较为乐观，优秀作品可达 90% 以上。

鉴于公共艺术在塑造城市形象中的作用，自 2006 年以来，深圳、台州等一些城市在借鉴西方国家公共艺术建设经验的基础上也制定了旨在推进公共艺术建设的“百分比——文化计划”政策。将公共艺术的发展提升至城市建设的高度，为公共艺术进一步融入都市空间起到了积极的促进作用。

3. 公共艺术的发展建议

公共艺术在中国方才起步，与其相关的诸多法规政策尚需完善。在公共艺术的建设方面我们可以借鉴西方国家的成功经验，并结合各地的实际情况，探索具有地域特色的公共艺术体制，以便使公共艺术在促进城市环境建设、提升城市文化品质方面发挥更为积极的作用。公共艺术在各国的发展经验告诉我们，要真正形成规范、合理、健康、有序的运作机制就必须将公共艺术的相关内容及实施程序以法律或法规的形式确定下来，以对公共艺术的建设形成广泛的约束力。

1）探索公共艺术与地域文化的结合

公共艺术的建立离不开特定的地域场所和环境氛围，这是公共艺术存在的物质前提。公共艺术作为一种文化现象和艺术观念，它以潜移默化的方式传承着地域文化与场所精神。一座城市的公共艺术应该代表着该地区的历史、文化、性格和特色，成为提升城市人文内涵与精神风貌的载体。因此，场域的特征决定着公共艺术的属性。对于不同地域文化的空间形态和环境氛围，公共艺术的表现意向、形态特征、艺术涵养也是不尽相同的。例如历史文化积淀深厚的北京、西安，时尚之都、前卫之城的香港、深圳，以及同样具有殖民统治历史又同是沿海开放城市的上海与天津，因其文化根基、城市特征不同，作为承载地域文化、展现城市魅力的公共艺术的表现形式也会有所差异。同样，纽约、洛杉矶、巴黎等西方城市与北京、上海、天津等中国城市在历史文化、意识形态、社会价值以及风物人情等方面存在着巨大差异，其公共艺术的形象特征也必然是迥然不同的。

2）建立规范合理的公共艺术导入机制

（1）循序渐进，防止公共艺术建设的冒进行为。

公共艺术的发展建设是一个建立在整体规划、长期完善基础之上循序渐进的系统工程，绝非是一朝一夕之事。正如美国建筑师罗伯特 · AM. 斯特恩对于以古老文明的流失为代价换取城市发展曾警告说“不要把规模等同于荣耀，并且要记住：激励人们并保持恒久的不是建筑的高度而是它的诗意”，同样我们也不要把公共艺术的规模和数量等同于城市品质的提升，城市品位的擢升并不依赖于公共艺术的数量，而是在于公共艺术的质量，即它所体现的场域精神与文化涵养。拔苗助长式的公共艺术建设不仅违背了城市发展的自然规律，同时也背离了艺术的发展规律。其结果只会导致艺术品的粗制滥造。我们应该清楚，一座城市的文化品位与形象是城市的历史、传统、文化、艺术等诸多因素在长期的岁月演进中沉积而成的，是城市精神的映射，而不是通过激进的方式为城市添加几件“美丽的衣裳”就可以在几个月之内实现的。

就公共艺术自身发展规律而言，公共艺术是在与城市发展以及城市文化的相伴成长中孕育而成的，是城市文脉和城市特色的物化。脱离城市的具体情况，只为满足一时之需而追求数量上的充盈显然是荒唐的，也是不可取的。

（2）从广义设计学理念出发，建立公共艺术建设的横向合作模式。

当前，我国在公共艺术的建设方面缺少系统性规划的经验，从而导致公共艺术与城市环境脱节以及公共艺术与城市环境、城市文化不协调的现象屡见不鲜。在公共艺术的建设程序上我们通常采取的是先规划、再建设，最后将剩余的空间留给公共艺术，这种纵向合作建设模式的结果是公共艺术畸变为在城市公共空间中做命题填空。由于公共艺术的使命仅作建成空间的填充之用，缺乏同环境的呼应和观照，这也就造成公共艺术与环境格格不入的窘境。要让公共艺术真正地融入城市、融入生活就必须把公共艺术从城市填空的命运中解放出来，使之不再被排除在城市整体设计之外作为单纯的城市“化妆品”存在，而是从广义设计的理念出发进行系统设计、整体规划，打破专业界限建立规划师、建筑师与艺术家的横向合作机制。在场地规划或工程建设之初就邀请艺术设计人员介入，以避免造成因公共艺术与城市环境和建筑之间的不协调而出现的“削足适履”或“削履适足”的现象发生。

（3）建立完善的审批立项及评估制度。

建立严格规范的介入制度是保证公共艺术正常、健康、有序发展的前提。在公共艺术的融入政策上可以采用以下方式。

① 成立公共艺术委员会：公共艺术委员会作为常设有任期的机构，负责公共艺术建设。其职责包括：受理立项、项目评估、召集专家评审团（顾问小组）、遴选艺术家、作品公示与报送和公共艺术的实施监督及组织巡查等。

② 组织专家评审团：专家评审团作为临时性组织可由政府代表、城市规划委员会代表、规划师、建筑师、艺术家、环境设计人员和律师以及市民代表等共同组成，对公共艺术建设从选址、方案、实施以及后续管理等工作进行评议、审查和监督。

③ 建立艺术家资料库：艺术委员会负责收集有志于从事城市艺术创作人员的资料，作为公共艺术创作的储备人选供专家评审团遴选。

④ 社会公示：艺术委员会组织将所有的公共艺术备选方案放置于专门的网络之上，向社会公开展示，并通过举行听证会广泛征求市民意见，让不同的建议和意见交汇，以践行公共艺术建设公开、公正、公平以及择优的原则。

⑤ 建立规范的后期评估制度：公共艺术的政策及作品要与时俱变，艺术委员会负责定期对公共艺术政策进行修正和对公共艺术作品进行评估。对建成效果不好或已残缺的艺术品组织专家评审团评议，并依据评估结果确定作品的“去留”命运及其善后事宜。

（4）建立多渠道的公共艺术融资渠道。

保证公共艺术资金的充盈和持续是保障公共艺术获得可持续发展的关键因素之一。在这一方面可以借鉴西方国家的经验，即制定符合中国实际情况的“百分比艺术制度”和成立“公共艺术基金会”。通过立法的形式强制性规定公共艺术与建筑的投资比例，以从建设方或开发商那里获得充裕的公共艺术建设资金；另一方面，可以通过引导并鼓励企业、民间社团或个人捐资于公共艺术基金会，并由政府在统筹规划的基础上统一建设公共艺术。利用这些方式为公共艺术提供充足的经费来源，是保证公共艺术健康持续发展的物质前提。

（5）规范公共艺术作品的管理制度，推行问责制。

公共艺术是存在于公共空间中的作品，由于长期暴露在室外空间之中难免受到风雨的侵蚀和人为的损毁，如得不到及时有效的维修和养护，就会对环境造成负面影响。为延续公共艺术的生存周期，使公共艺术能够获得可持续发展的能力，有必要制定严格的公共艺术管理和养护制度。

其具体内容如下。

① 成立专门的监管和维护机构，定期对公共艺术品进行检查、清理、保养和维护等。

② 制定严格的法制体系，对故意损毁公共艺术品行为予以处罚。

③ 建立认养制度，通过公开招标鼓励企事业单位、社会团体或个人认养公共艺术，负责对公共艺术品的日常维护。

④ 制定承包责任制度，对于单位内部及其附近的公共艺术品由特定的单位负责保养和维护。

⑤ 推行问责制，建立从审批到设计以及实施过程的全程问责制，明确权利与义务。尤其在公共艺术建设中对“已建成效果不好的，浪费严重或有安全隐患的公共艺术品进行设计问责，并对审批机关的失职和渎职进行追究[4]”。这是推动公共艺术走向民主，维护公共艺术健康有序发展的关键机制。

---

4 郄海飞编，城市表情，长沙：湖南美术出版社，2006：294.

第二节 环境设施要素

1. 城市环境设施的概念及性质

城市环境设施也被称为城市元素或城市家具、街道家具等。虽然称谓不同，但其内涵都是相同的，它是指存在于城市外部空间中供人们使用，为人们服务的器具。城市环境设施的概念最初源于室内环境设施，是室内环境设计的延伸。在传统的室内设计中，除了要对居住环境的地面、墙面、顶面做艺术处理之外，还要对室内的家具、用具，包括：沙发、座椅、电话、灯具、餐具、收纳箱、烟灰缸、水龙头以及装饰性绘画等室内陈设进行设计，这些设施为人们的生活带来了舒适与便利。天津大学建筑学院董雅先生曾说："城市环境设计与室内设计是道同形异，殊途同归的。城市环境设计就是打开的室内环境设计。"虽然室内外的具体环境不同，但人们基本的生活要求是一样的。若将室内陈设移至室外，沙发就成了公共座椅；电话就成了公共电话亭；灯具就成了街灯或草坪灯；收纳箱就成了垃圾箱；装饰画等艺术品就成了城市雕塑、壁画……

室内环境设施的设计体现着居住者的个性、观念以及文化品位。作为室内陈设延伸的城市环境设施同样也体现着一座城市的文化品质、艺术魅力以及民主程度。设计优美、功能完善的环境设施不仅能够提升人们的审美情趣，规范、引导人们形成良好的生活习惯，同时也能规避不良环境造成的阻障，给人们的正常生活带来便利。著名景观建筑师哈普林曾如此描述道："在城市中，建筑群之间布满了城市生活所需的各种环境陈设，有了这些设施，城市空间才能使用方便。空间就像包容事件发生的容器；城市，则如一座舞台、一座调节活动功能的器具，如一些活动指标、临时性棚架、指示牌以及工人休息的设施等等，并且还包括了这些设计使用的舒适程度和艺术性。换句话说，它提供了这个小天地所需要的一切。这都是我们经常使用和看到的小尺度构件[5]。"

城市环境设施在城市中的体量虽然很小，但它与建筑、街道、广场一样是构成城市的必要元素，并且成为建筑、街道和广场的中介，在人—城市—环境之间架起了一座桥梁。它以独特的艺术魅力点缀了城市，美化了环境，方便了生活，在城市环境中起到了画龙点睛的作用。

2. 城市环境设施的构成要素

城市环境设施是基于城市空间环境再加上时间维度和人的视觉、生理、心理感受的综合环境效应。环境设施通过人—自然—建筑—城市环境等一系列的关联行为将人的行为活动、环境感知、城市记忆有机地包容在一起。所以，对于城市环境设

5 劳伦斯·哈普林著，许坤荣译，城市，台北：新乐园出版社，2000：51.

施的界定而言，每个国家和地区都会依据自身的环境特点、生活习惯和人的感知方式等具体条件进行研究。于正伦先生在《城市环境创造》一书中提出城市环境设施的界定要符合四个方面的条件[6]：

（1）环境设施的基本内容是城市景观物的一部分；

（2）建筑及其室内外墙面的附着物，经人工修整并改变原形态的自然物应属环境设施的外延或相关范畴；

（3）环境设施作为开放且运动的体系，与建筑、自然和人间活动的各种景观现象互相渗透交叉；

（4）由于人们观察和研究事物的目标和角度不同，对环境设施的界定与分类应满足不同的需要，且不拘于一种方法。

基于我们的行为习惯和认知方式，本书的环境设施在汲取日本、德国以及英国等国家的环境设施分类方式的基础上，为了便于研究和区别对其进行了总结和归纳。将其分为以下几类。

1）休闲娱乐设施

休闲娱乐设施旨在为城市居民提供一处优美、舒适、轻松的休息与交往场所，使城市空间真正成为一种有生活味道和勃勃生机的空间。具体内容包括：休闲座椅、饮水装置、公共厕所、垃圾箱、烟灰器皿、健身设施以及游乐设施等（图 5-12 ~ 图

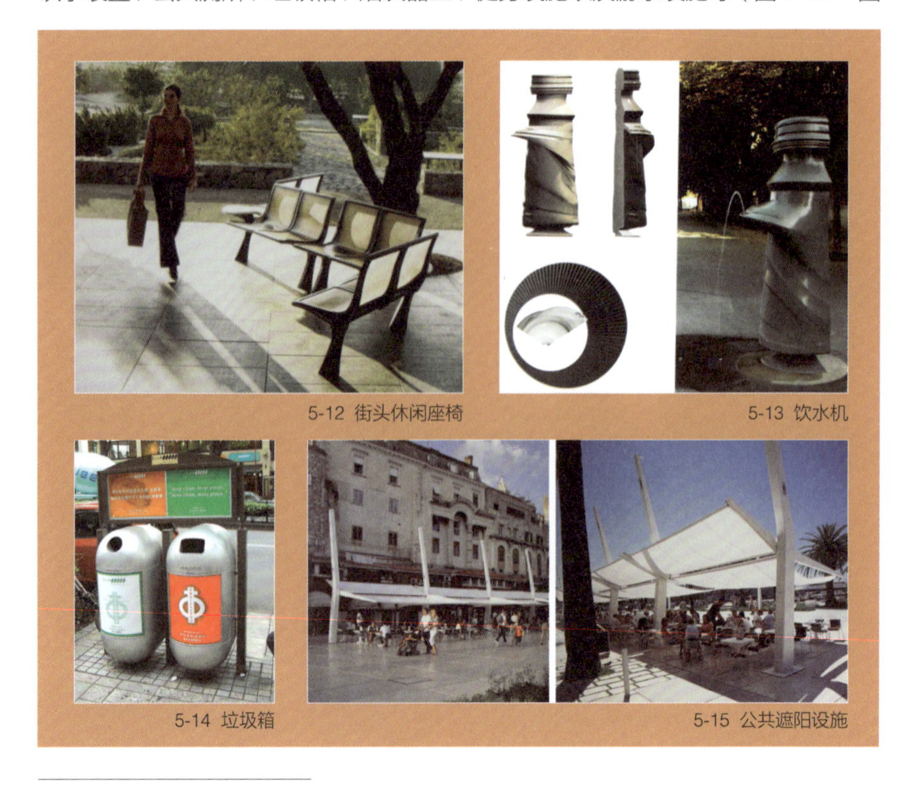

5-12 街头休闲座椅

5-13 饮水机

5-14 垃圾箱

5-15 公共遮阳设施

---

6 于正伦，城市环境创造，天津：天津大学出版社，2003：23.

5-15）。

2）信息交流设施

信息交流设施是一座城市秩序性和民主性的体现。它能够在最短的时间内为人们提供城市的详细信息以及引导市民的出行。在城市区域不断扩张、人口密度不断增加、交通越来越拥挤的今天，城市变化日新月异，即使是一座城市的原住民也会对城市的变化感到不适应，更不用说陌生人对一座城市的认知。所以，信息类设施的设置能最大限度地减少人们的疑惑，同时也是城市生活方便、快捷的标志。信息交流设施包括：环境示意图、标识牌、标志、电话亭、邮筒、书报亭、阅报栏、街头钟等（图 5-16，图 5-17，图 5-18）。

图 5-16 信息设施

图 5-17 电话亭

图 5-18 街头钟

3）交通安全设施

交通安全设施是为居民的出行或生活提供便捷、安全，避免事故发生的设施。当代城市已经是一个车轮上的城市，人们的出行，无论是上班还是旅游都离不开地铁、汽车、自行车等交通工具的参与。交通工具的大量使用势必引起三个方面的问题：其一是地铁、公交站点的设置与自行车存放处或租赁处的设立；其二是人车之间的分流、阻拦设施的建设；其三是方便人车等晚间出行的安全设备的增加。交通安全设施是一座城市与国际接轨、迈向国际都市的标志。交通安全设施包括：地铁站、公共汽车候车亭、加油站、电动车充电处、停车场、自行车架、交通隔离栏、绿篱、消火栓以及照明灯具[7]等（图 5-19，图 5-20，图 5-21）。

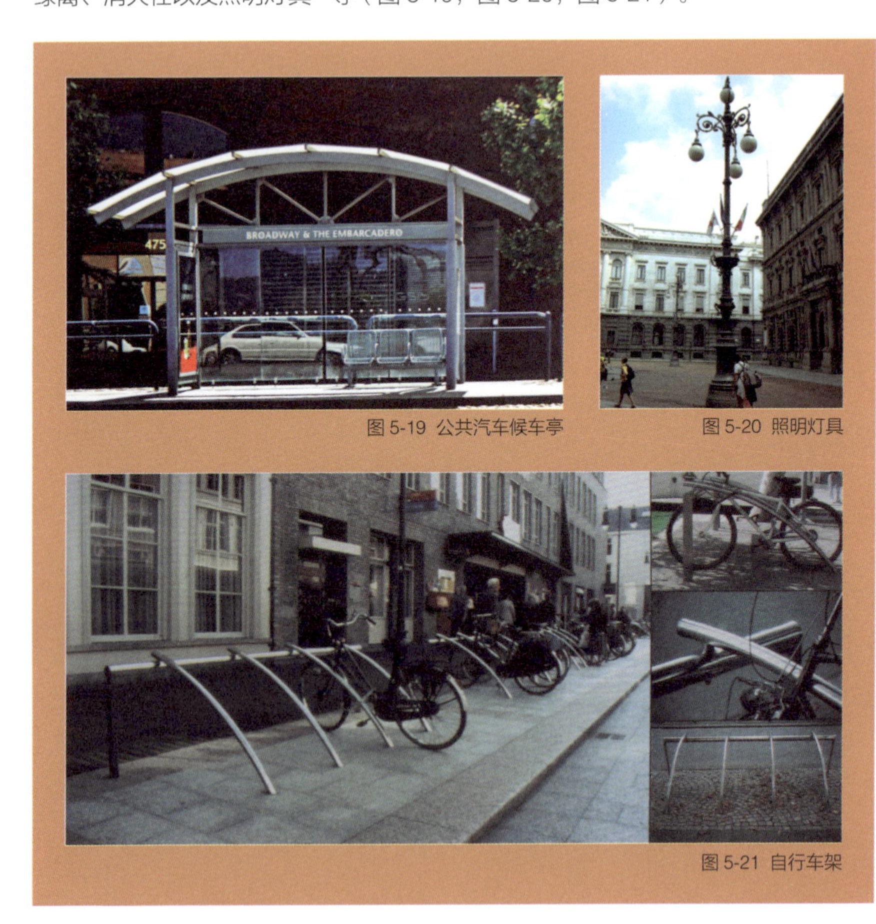

图 5-19 公共汽车候车亭

图 5-20 照明灯具

图 5-21 自行车架

---

7 照明灯具是一种跨类别的设施，兼具交通安全和装饰美化的双重功能。如路灯、草坪灯，既是交通安全设施又是装饰美化设施。

4）商业服务设施

商业服务设施是一座城市商业活力和经济发达程度的标志。商业化时代人们对城市生活的要求日趋简便、快捷。满足人们从事某些商品、资金交易的设施的出现大大方便了人的生活，节约了人们的时间。商业服务设施包括：售货亭、自动售货机、银行自动存取点等（图 5-22）。

5）装饰美化设施

在今天的城市环境里，绿化越来越普遍，但承载城市绿化的树池、树箅、花坛等设施却没有受到足够的重视。这些设施对于保护植物、保持水土、净化环境、增加湿度以及丰富城市立面等具有重要的意义。装饰美化设施包括：树池、树池箅、花坛、花盆、花架、花箱、花镜以及喷泉水池等（图 5-23 ～图 5-27）。

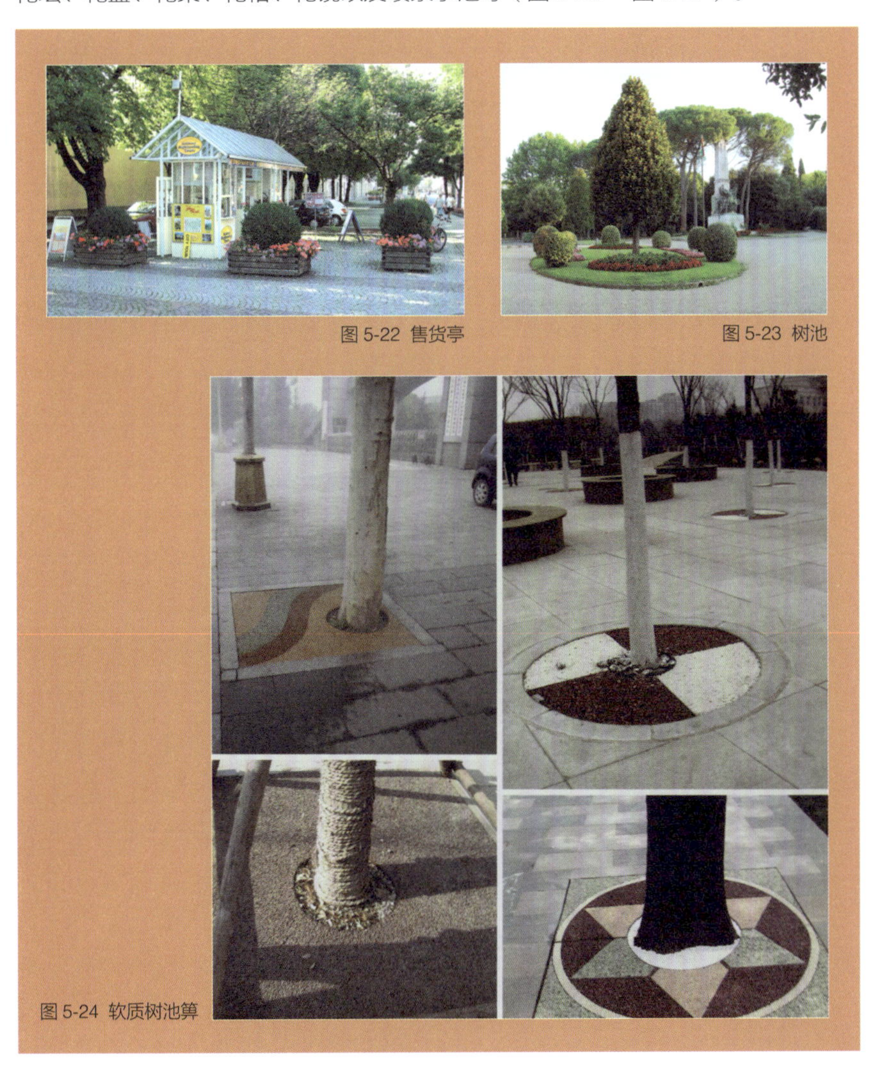

图 5-22 售货亭

图 5-23 树池

图 5-24 软质树池箅

图 5-25 硬质树池箅

图 5-26 花坛

图 5-27 喷泉

6）无障碍设施

无障碍设施最能体现一座城市的人性化和对市民的关爱。我们的城市环境是面向全体市民的开放环境，是公众的环境，就必须体现它的公众参与性。尤其是中国即将进入老龄化社会，60 岁以上的老年人会日益增多，作为城市艺术的构成元素必须要体现对老年人以及其他特殊群体，包括残疾人、孕妇、儿童以及病弱者等所有人的关怀和爱护。无障碍设施主要体现在建筑、交通、通信系统中供老年人、残疾人或行动不便者使用的有关设施或工具，如：坡道、盲道、扶手、专用标志等（图 5-28，图 5-29）。

图 5-28 无障碍通道

图 5-29 无障碍设施

3. 城市环境设施的设计原则

1）人性化原则

人性化原则是城市环境设施设计的第一原则，也是环境设施设计的终极目标。环境设施作为联系人和环境之间的桥梁，不仅要成为协调人与环境和社会之间关系的纽带，而且它在带给人们生活便利的同时，也应该能够对人们的生活方式产生一种建设性的规划和引导。这就需要从环境设施的造型、色彩、材料、装饰、布局位置以及人的情感体验和心理感受等方面积极探索和挖掘它的潜在内涵，并在日臻完善的功能中渗透着平等、关爱等思想，使人能感到城市带给人的亲切、温馨以及款款真情。所以，环境设施只有真正地从人的生理、心理以及行为习惯等方面出发，最大限度地关爱人、关注人、体贴人，满足人们的各种需求，才能以饱含人性情思的设计去打动人。以下以座椅设计为例。

首先，在尺度上要符合人的生理需求。如，普通座面高应限制在 38 ~ 40 厘米，座面进深为 40 ~ 45 厘米，扶手的高度在 20 ~ 25 厘米，座面前端向上略倾 6°，靠背座椅的靠背倾角为 100° ~ 110°，而且室外座椅的下部以虚空为主，这样才能给人带来舒适的感觉（图 5-30）。这是因为，如果座位过高就无法使体重均匀地分布在臀部，这样会使大腿肌肉受压，久而久之，会使腿部肌肉酸痛难忍。如果

图 5-30 符合人体尺度的街头座椅

足部悬空，则不仅腿部肌肉受压，而且上下腿和背部肌肉都会紧张。若座位过低，不仅会使背部肌肉紧张，容易产生酸痛感。同时，大腿和小腿的夹角过小，阻碍血液的正常流通，久之会使小腿因血流不畅而导致麻木。另外，如果座面进深较短，体重会过分集中在坐骨尖节点处，容易造成臀部和背部肌肉的疲劳。若座面进深过长，座面前缘会挤压小腿肌肉，造成下肢血液流通不畅，会使小腿变得青紫、麻木。所以，座椅的高度以小腿高（约为人身高的 1/4 左右）为宜，座面进深以臀部后缘至腘窝的距离为宜。对于老人而言，如果座椅底部为实体，双脚无法后退，不利于起身，增加站立的难度。

其次，在位置布局上应满足人们的心理需求。室外公共座椅的布置要充分考虑人们在选择座位时的心理和习惯。在日常生活中，人们对于座位的选择往往呈现出一种“边界效应”。例如在餐厅、机舱或高铁车厢里，靠墙、靠窗的座位或能纵览全局的位置尤为受到人们的青睐。这是人出于对自身安全性的本能反应。因为这些位置更容易观察周围的情况，并免受打扰。同样，对于沿着建筑物、街道或广场布置的座椅位于边缘比位于中心的位置更受欢迎。所以，作为城市艺术元素的座椅在人性化的布置方面应考虑三个方面的细节。

第一是要通盘考虑场所的空间特性和功能质量，在适应环境的同时，尽量使每一条座椅或休憩设施都能够位于街道凹处、转角处或构筑物前面亲切、安全的位置以及背风向阳，具有良好微环境的地方。

第二是具有开阔的视野和朝向。朝向和视野对于室外座椅的选择具有重要的影响。有机会观看到周围的活动是促使人们选择座椅的一个关键因素。在很多街道或广场空间中，座椅通常是背靠背安放的，一组面向街道或广场中心，另一组则是背向街道或广场中心。在这种情况下，面对街道或广场，并且能清晰地看到人的行为活动的座椅总是受到人们的垂青，反之，则无人问津（图 5-31，图 5-32）。而建筑师约翰·赖利通过对游乐场中的座椅研究后发现，能很好欣赏到游乐场内部各种活动的座椅的使用率要高于观察不到活动情况的座椅，也印证了人的这一行为习惯。

图 5-31 无人问津的街头座椅

图 5-32 视线较好的座椅

第三是能够满足交流或独处的愿望。交流或独处是人们日常最为常见的两种休闲行为，城市公共空间中的环境设施要尽量满足人的这一行为要来。在咖啡厅以及早期的火车车厢中，座椅都是相对布置的，人们面对面就坐有利于交流。而现代的公共空间，如机场、火车站候车厅以及飞机、高铁的车厢座椅都是朝前布置的，后排的人只能看到前排人的后脑，人与人之间的交流很难形成。爱德华 · T. 霍尔在《隐匿的尺度》一书中深入探讨了关于座椅的安排与交谈可能性之间的关系。据他的研究，如果座椅背靠背布置，或者座椅之间有很大的距离，就会有碍于交流甚至使交流无法进行。如果座椅呈环形布局则有助于交流的产生。所以，在街道、广场等城市公共空间规划时，设计师应尽力使座椅之类的休闲设施的布局灵活多变，避免运用背靠背或面对面的简单方式。在座椅的形态和摆布上可以采用曲线形（图 5-33），若是方形、长方形座椅则可以呈一定角度布置。当公共座椅为曲线造型或呈一定角度时，如果休闲人群有攀谈的意向，交流就变得更容易。如果坐者希望独处，不愿交谈，从窘迫中解脱出来也较为方便，不会出现面对面布置时的尴尬情形（图 5-34）。

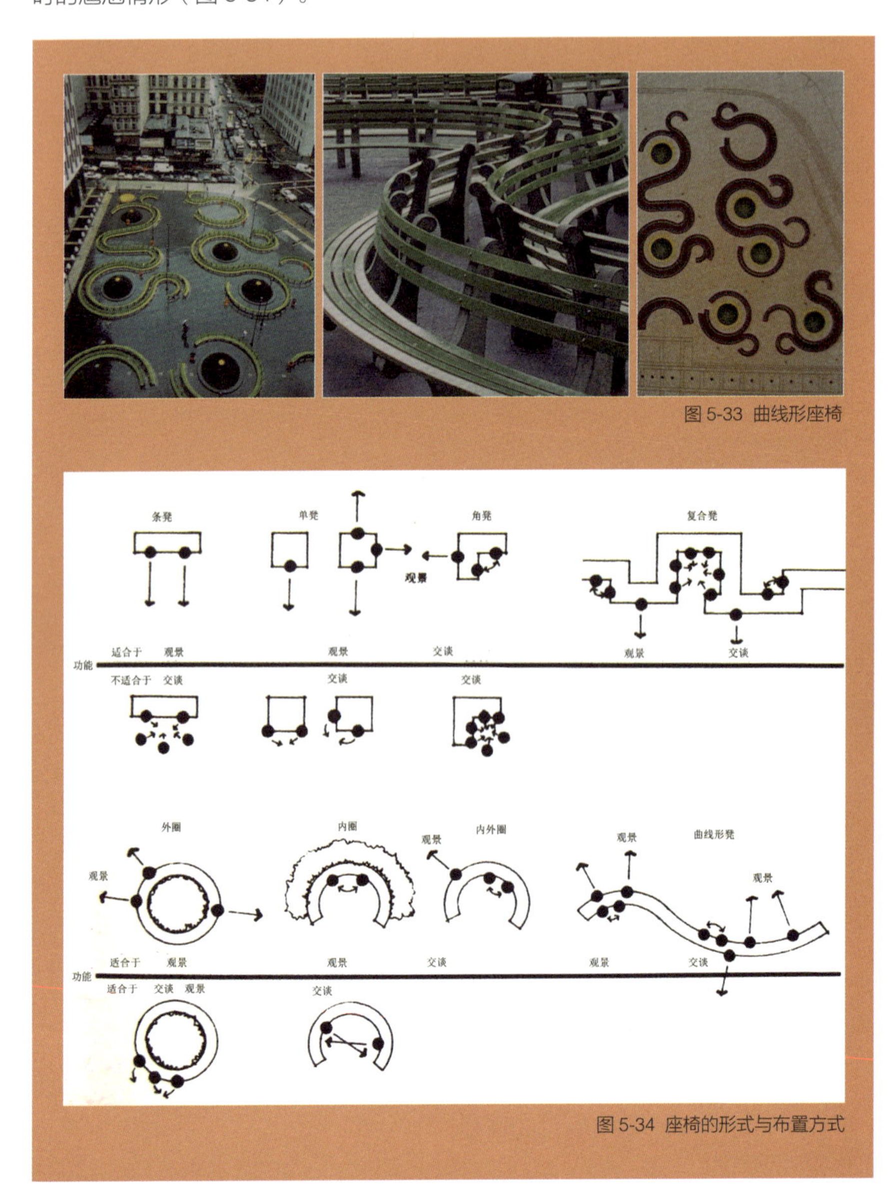

图 5-33 曲线形座椅

图 5-34 座椅的形式与布置方式

2）环境性原则

环境性是指以因地制宜的方式，求得设施与所处环境的和谐、统一。环境设施并不是城市中的孤立实体，而是特定空间环境的产物。如果不考虑环境设施所处的地域特点、环境特性而随意设计，就容易造成设施与环境的分离。设施的环境性可以通过设施的形态、色彩、质感、比例尺度以及空间布局等方式，形成与环境的协调和统一。以城市公共空间中的照明设备为例：城市中的照明灯具设计不存在普适性原则或方法，必须要考虑不同环境的具体情况，依据环境的特殊性进行选择和设计。如街头绿地、广场、庭院中的装饰灯具，主要不是用于照明，而是营造亲切、温馨的氛围。所以，灯具的高度应位于人的视平线之下，一般控制在 0.3 ~ 1.0 米，灯光以暖色为主。步行道和散步道的照明灯具要兼具照明和装饰的功用，所以灯的高度在 1 ~ 4 米之间，灯具、灯柱和基座应富有个性、艺术性，并注重细部处理，最好是与雕塑、浮雕壁画结合（图 5-35，图 5-36），以适应人们在中、近视距的观感。主干道路灯是以照明为主，装饰是其次的，所以不需要

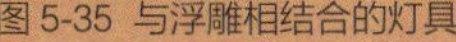

图 5-35 与浮雕相结合的灯具

图 5-36 与雕塑结合的灯具

做太多的艺术处理。但这种灯具对高度、投射角度以及配置方式的要求却是非常严格的，同时还要受道路环境的制约。如：道路越宽，灯杆越高，投射角度也越大。因此，城市环境设施的设计不能脱离具体的环境条件而天马行空地臆想，必须要根植于特定的环境之中，具体问题进行具体分析。这样城市的活力、魅力才能被塑造出来（图 5-37，图 5-38）。

图 5-37 可调节角度的城市主干道路灯

图 5-38 主干道路灯及照射角度

3）兼顾性原则

兼顾性是指环境设施的设计要兼顾功能与形式、技术与艺术、科学与人文的相统一。与建筑等体量较大的城市元素相比，环境设施的体量较小，容易被人忽略。为了引起人们的关注，环境设施在满足基本功能的同时要注重造型的独特性以及设计的新颖性。只实用不好看的东西是苍白的，而好看不好用的东西则是没有生命力的。《考工记》说一件良好的器物要具备四个方面的素养，即：“天时、地气、材美、工巧。合此四者，然后可以为良也”。同样，作为艺术品的城市环境设施也必须是天、地、形、神、技、艺等诸多方面的有机统一。只有做到这六个方面的统一，才是一件好看、好用、耐看、耐用的城市艺术。

4. 影响城市设施设计的关联因素

作为一件艺术品的环境设施而言，与纯艺术（雕塑、绘画）不同，它要受到城市环境、使用人群以及设施本身的工艺、材料等诸多因素的制约，如表 5-1 所示。

表 5-1 影响城市设施设计的因素

<table>
<tr><td colspan="15">影 响 因 素</td></tr>
<tr><td colspan="5">环境因素</td><td colspan="7">人的因素</td><td colspan="3" rowspan="2">设施本身的因素</td></tr>
<tr><td colspan="3">自然环境</td><td colspan="2">人文环境</td><td colspan="3">地域文化</td><td colspan="4">使用人群</td></tr>
<tr><td>地形地貌</td><td>气候</td><td>自然资源</td><td>建筑</td><td>景观</td><td>生活方式</td><td>形态</td><td>色彩</td><td>老年人</td><td>儿童</td><td>青年人</td><td>残疾人</td><td>功能</td><td>技术</td><td>材料</td></tr>
<tr><td colspan="8">主要因素</td><td colspan="4">主要因素</td><td colspan="3">必要因素</td></tr>
</table>

环境因素包括两个方面，即自然环境和人文环境（或人工环境）。它是影响城市环境设施的重要因素。任何环境设施都必须根植于一定的环境之中，不能脱离环境而孤立存在，所以它在设计时必然要考虑与环境的结合。以候车亭、座椅等公共设施为例，由于所处的环境不同，色彩、材质的选用也不同。如南方地区气候温润，四季常绿，自然环境良好，环境设施的色彩可以以浅色系为主，材质可选用金属、石材、木材等。而北方地区，尤其是高寒地区，冬季漫长，缺少绿化，公共设施尽量以深色系的暖色调为主，一方面是作为对环境色的补充，丰富城市色彩，另一方面可以改善人们的心理感受，增强城市的温暖感。在材质的选用上不宜采用金属或石材，而是尽量运用木材、橡胶等材料。另外，在设计时要融入地域文化。地域文化集中体现在形态上。如北京、西安、南京等古都，环境设施的形态要尽量体现出传统文化的古朴、凝重特点。上海、深圳、广州等商业发达的城市，其环境设施要凸显出时尚文化的清新、靓丽感觉。

对不同受众群体的考虑是制约和影响城市环境设施的主要因素。不同受众群体对环境设施的要求是不一样的，以环境设施的色彩为例，儿童群体由于视觉神经和感知神经处于发育阶段，对任何事物都表现出强烈的探索欲望，尤其是色彩艳丽的物体特别能够吸引这一群体的关注力。所以，针对儿童这一群体的环境设施的色彩在色相的选择上尽量以红黄蓝等原色为主，明度和纯度上尽可能高一些。成年人的视感神经发育成熟，对色彩的感知能力较高，可以辨别色相较为模糊以及明度和纯度较低的色彩。对成人群体而言，对环境设施产生影响的不是生理因素，而是心理因素。由于这一群体工作压力较大，而且又看惯了都市中的灯红酒绿，对色相鲜明以及明度、纯度较高的色彩具有一定的抵触心理，而对含灰调的色彩则较为喜爱。所以，以成人群体为主的空间环境在设施设计时色彩要避免过于艳丽，尽量降低色彩的明度和纯度。老年群体在生理上由于视感神经退化，在色彩感知方面需要强烈的对比才能引起他们的关注。所以，以老年群体为主的城市环境设施在色彩的明度、纯度方面要尽可能高一些。

另外，使用功能、施工工艺以及材质也是影响环境设施设置的重要因素。城市环境设施的设计，不能天马行空地肆意创造，而是要依据具体的使用功能，综合考虑当时、当地的工艺技术能否实现，如果脱离实际情况有可能使设计弄巧成拙，丧失了环境设施原本应有的美感和特色。

第三节 建筑装饰要素

1. 建筑装饰的概念

建筑装饰作为一种构建城市艺术的方法和手段，是通过对组成城市主体的建筑物的装饰和美化，使置身其中的市民或观者能获得各种不同的视觉体验，从而为其带来精神愉悦和身心享受的艺术形态。在城市中，建筑装饰是人们感受城市人文气息、艺术氛围最直接、最便捷也是最有效的方式之一。或许大多数人都有这样的感受，当来到一个陌生的城市，站在城市中心广场或街道上环顾四周，城市给人最直观的印象就是建筑的装饰。建筑装饰以其独特的色彩、质感、肌理等信息传达着城市的历史文脉、城市风貌以及生活状态。如纽约、上海等城市的建筑装饰就应体现出一种高科技、现代感和快节奏的感觉；巴黎、北京这样的古城，其建筑装饰风格应该展现出一种精致、浑厚和瑰丽的感觉。所以，沙利宁曾说："让我看看你的城市，我就能说出这个城市的居民在文化上的追求是什么"。

建筑装饰有着悠久的历史，并贯穿人类建造行为的始终。在长期的历史发展过程中不同地区都形成了富有特色的建筑装饰风格。如欧洲专注于对石材结构的装饰；东方专注于对木质构造的点缀。直到20世纪初期，装饰一直都是城市和建筑的主题。第一次世界大战后，由于战争导致的经济低迷和城市衰退，装饰从建筑的主体地位沦为可有可无的附属物，阿道夫·洛斯甚至提出"装饰即罪恶"的思想。取消装饰、否认美感成为现代主义建筑的基本原则，致使城市建筑从古典时代的丰富多彩一度变得单调乏味，毫无情感。长期生活在没有美感的环境中，使人们对现代建筑产生了一种厌倦甚至是厌恶。近年来，随着经济的发展以及人们生活水平的提升，公众对已建成环境的态度有了转变，人们对建筑的要求除功能合理、结构新颖以外，还希望城市建筑更富有装饰性，并以此来改善居住环境、美化城市空间。所以，建筑装饰再次受到人们的重视。

2. 建筑装饰的范畴

一幢建筑完整的装饰是由三个部分构成的：首先是连接建筑与地面的基座；其二是成排窗户所在区域的建筑墙体部分；其三是通过轮廓线使建筑与天空衔接的屋顶。

（1）基座：基座是连接路面铺装与建筑的部分，它是承托建筑的基础。因为基座距离人们最近、最容易被感知到，所以也是建筑最重要的装饰部位。鉴于这一部位的特殊位置，很多建筑通常借助简明的水平线脚或鲜明的图案、精美的雕刻等处理方式加以强调。无论是东方还是西方的古典主义建筑，对基座的处理都十分在意，尤其是西方自文艺复兴以来的建筑，特别是法国古典主义时代的宫殿建筑都建有厚重的基座，而且材质考究，并在窗户或门的边缘雕有精细的角线。东方的建筑也有基座，与西方古典建筑不同的是东方建筑的基座是独立于建筑之外的构筑物，被称为须弥座。在须弥座四周饰以人物、动物和植物图案的浮雕，手法细腻、委婉，艺术性极强（图5-39，图5-40）。

（2）建筑墙体部分：建筑墙体即位于基座之上并由檐部、线脚和界定性的垂直边界等元素限定出的部位。由于它在建筑中占有绝大部分面积，对建筑的形式、

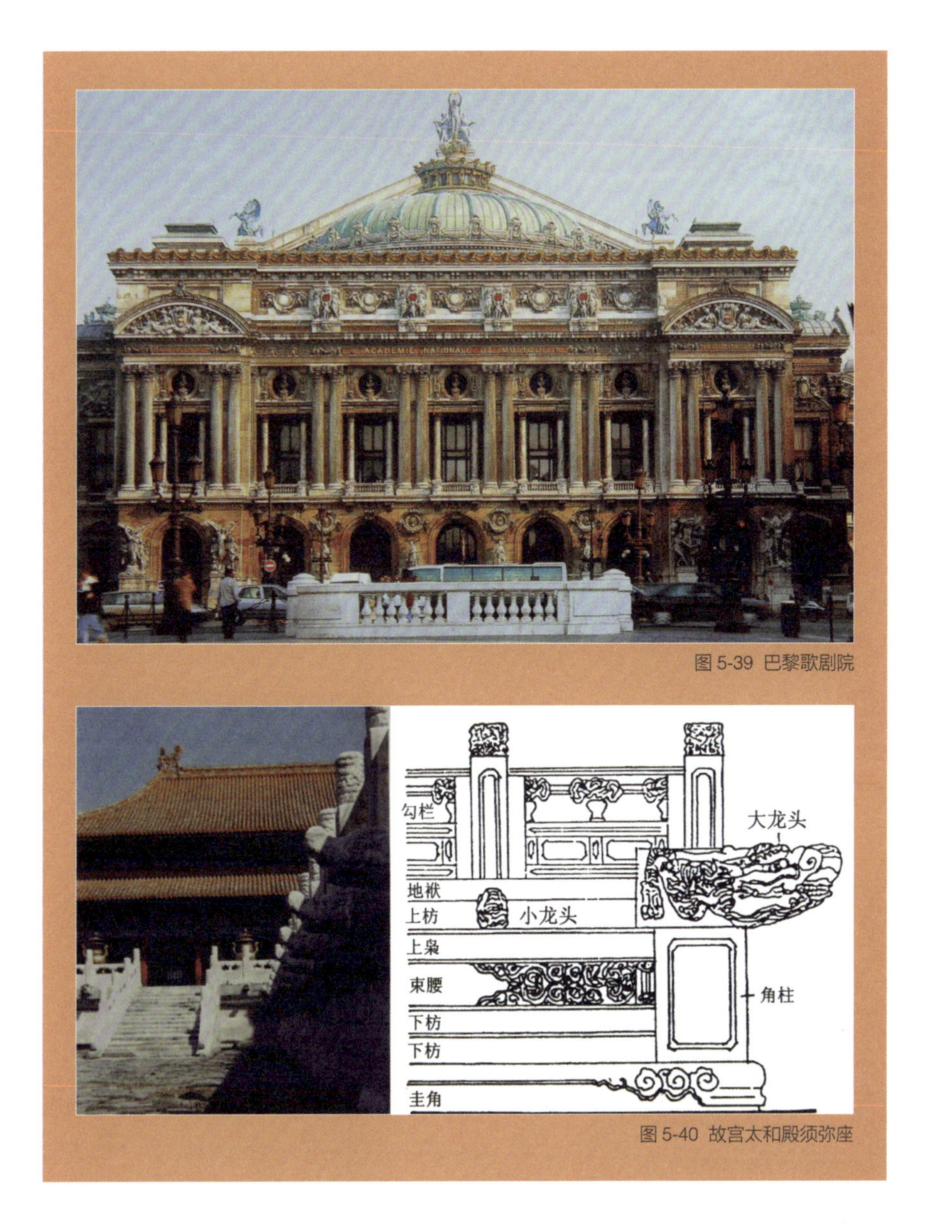

图 5-39 巴黎歌剧院

图 5-40 故宫太和殿须弥座

风格起决定性作用，因此建筑墙体部分在设计时，不仅要满足基本的承重、围护、分隔空间以及通风、采光等使用要求，还需要依据建筑不同的功能、形态进行装饰和美化。这一部位由于远离人们的视觉中心，所以它在艺术处理上不需要像基座一样细致、严谨，而是借助色彩、质感和肌理来完成。如可通过对窗套、壁龛边界的装饰或通过对壁柱、阳台和楼梯间的艺术化处理来获得美感。但这有一个前提，就是首先要清晰而明确地判断这一部分的主导材质和色彩。无论何种装饰形式，必须要与主体背景墙的材质形成对比，才能使装饰形式脱颖而出，吸引人们的注意（图5-41）。

（3）屋顶：屋顶是建筑的外轮廓或墙体的最高边缘，是建筑与天空的交界线。

图 5-41 建筑墙体装饰

对屋顶进行具有一定趣味性和复杂性的装饰设计是让现代城市变得更有艺术气息的方法之一。屋顶作为主要的建筑元素，它既是建筑物遮风挡雨的重要构件，同时又是建筑形象最为变化多端和富有艺术气息的部分。因而，它又被称为建筑的“第五立面”。屋顶轮廓线是城市天际线的组成部分，但它不像天际线那样只能从远处观看。屋顶是建筑中唯一适合在城市空间中被观者远距离和近距离同时感知的建筑部位，也是正反两面都要进行艺术处理的部位。所以，对建筑屋顶的装饰也就成为传统建筑重点刻画的地方（图 5-42，图 5-43，图 5-44）。

屋顶的类型很多，常见的屋顶形式包括平屋顶、坡屋顶、曲面屋顶以及大跨度建筑屋顶等。平屋顶一般用于现代主义风格的建筑。这种屋顶形式简洁、轮廓清晰，高低错落的变化可以尽显建筑的层次感和秩序感。坡屋顶多用在传统风格的建筑当中，有单坡、双坡、四坡等形式。坡屋顶庄重大方、形态庄严，能引起人们对城市历史的追忆。曲线屋顶是传统建筑和现代建筑都经常使用的一种屋顶形式。这种屋顶线形优美、体态轻盈，既没有平屋顶的单调，也没有坡屋顶的庄严。它格调明快、逶迤起伏，具有一定的韵律感和节奏感（图 5-45）。

图 5-42 文艺复兴时代的佛罗伦萨

图 5-43 中国传统建筑的屋顶

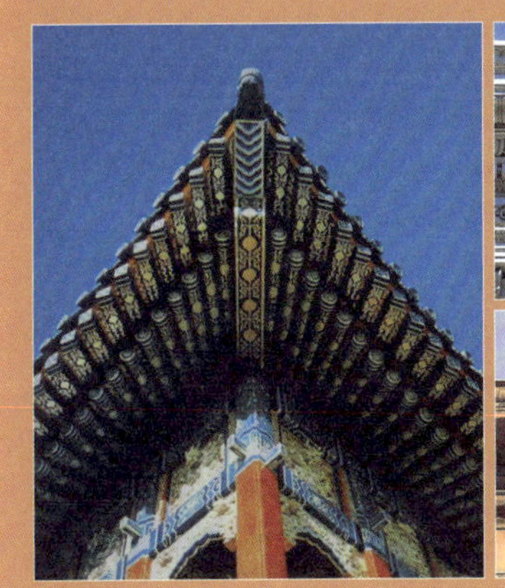

图 5-44 中国传统建筑屋顶的内檐

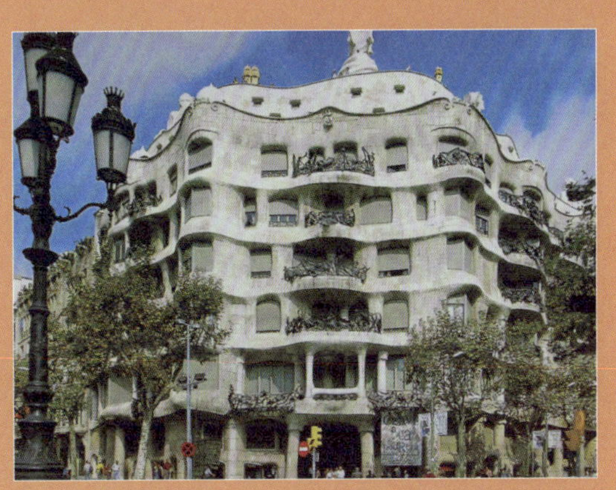

图 5-45 米拉公寓的曲线屋顶

3. 建筑装饰的方法

1）浮雕

浮雕是指在平面上雕镂凹凸形象的一种造型形式。浮雕依据表面凹凸程度的不同可分为高浮雕和浅浮雕。浮雕艺术是中、西方传统建筑装饰最常用的一种手法。在古希腊时期的建筑之中，因为建筑材料是以石材为主，无法在上面施行绘画，所以古希腊人将建筑装饰的热情全部集中到对石头的雕刻上，使古希腊的建筑就像一座雕塑。文艺复兴时期浮雕装饰艺术达到高潮，无论是教堂还是府邸，从山墙到檐壁，从腰线到基座都布满了浮雕（图 5-46，图 5-47，图 5-48）。浮雕在中国传统建筑中的应用也十分广泛。中国传统建筑是以木结构为主，砖、石为辅的建筑形式。为了增强建筑的精神功能，中国古人便将美好的愿望以雕刻的方式镌刻在建筑构件上，并依据材质的不同形成了木雕、砖雕和石雕等形式（图 5-49，图 5-50，图 5-51）。浮雕这种装饰一直持续到 20 世纪初，现代主义兴起以后，浮雕被取消了。但这种装饰形式却被传承下来，古典主义时代具象的人物、动物以及植物等图案被现代建

图 5-46 西方传统建筑山墙上的浮雕

图 5-47 西方传统建筑中腰线上的浮雕

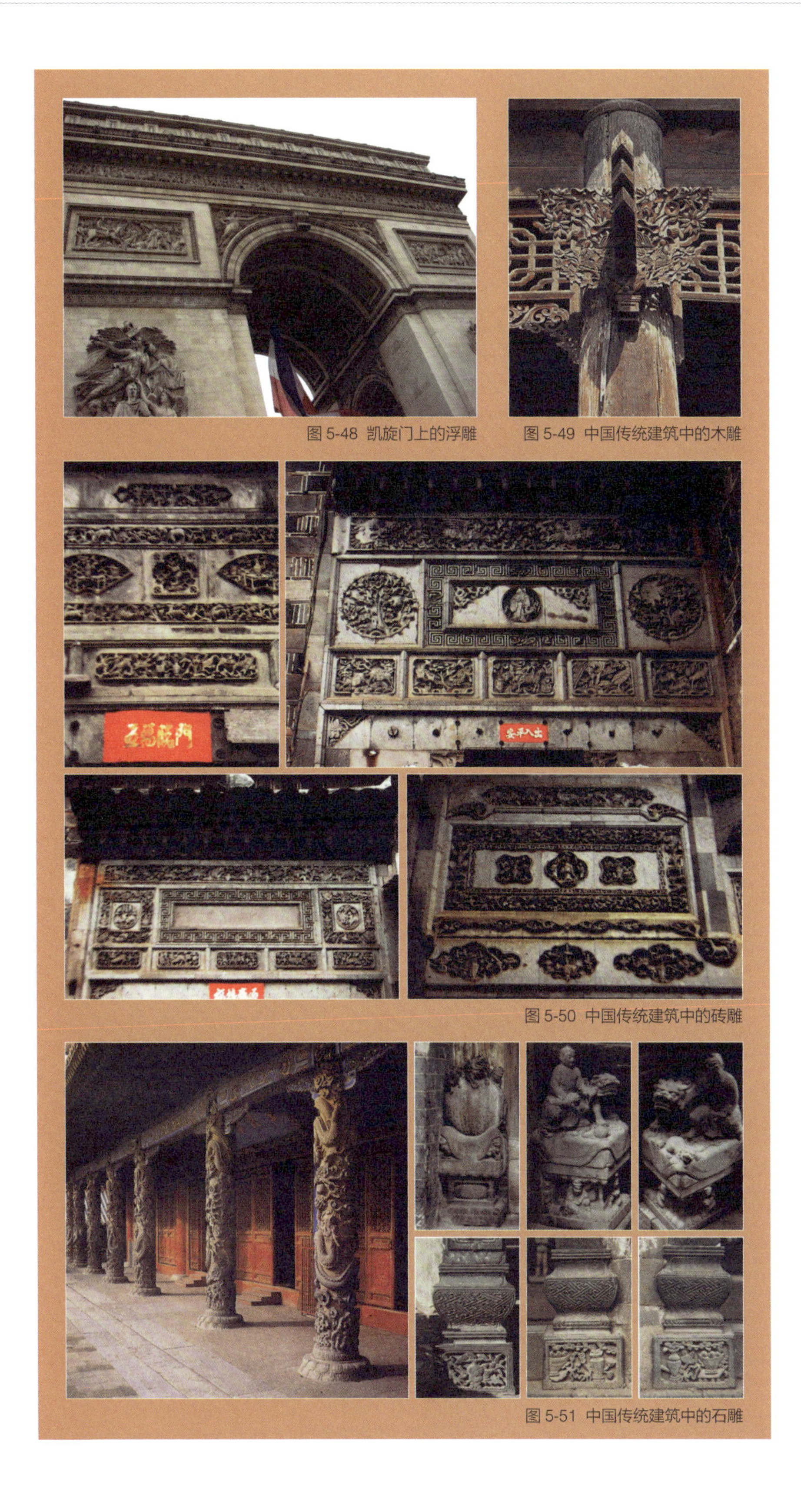

图 5-48 凯旋门上的浮雕

图 5-49 中国传统建筑中的木雕

图 5-50 中国传统建筑中的砖雕

图 5-51 中国传统建筑中的石雕

筑以新的抽象形式所取代，如通过运用不同材质筑造而成的具有凹凸感的墙面（图5-52 ~图 5-55）。

2）肌理

肌理是借助材质本身的质感或纹理，通过不同方式将其组合在一起而形成的大面积带有装饰性的图案。肌理是人们可以通过触觉和视觉感知获得建筑信息的一种

图 5-52 畏研吾 kanayama 博物馆立面

图 5-53 伊东丰雄 Suites Avenue 公寓立面

图 5-54 建筑的凹凸感

图 5-55 现代建筑的外墙浮雕

装饰语言。建筑装饰的肌理分为两大类：自然肌理和人工肌理。自然肌理包括石材、木材、藤竹等（图 5-56，图 5-57）；人工肌理包括金属、玻璃以及膜材等（图 5-58，图 5-59）。与浮雕等纯艺术的装饰语言不同，肌理是一种具有情感色彩的装饰材料。如木材、竹藤等天然材质会带给人一种温馨、自然、返璞归真的感觉。金属、玻璃等人工材质则容易让人有生硬、冰冷之感。所以对于建筑装饰而言，选用何种材质需要依据建筑的使用功能以及视距来决定，不能随意选用，否则会弄巧成拙。一般而言，与人们生活密切或距离人的视距中心较近的建筑多选用自然肌理，而要体现建筑的高科技以及现代性或距离观赏地点较远的建筑则可选用人工材质。

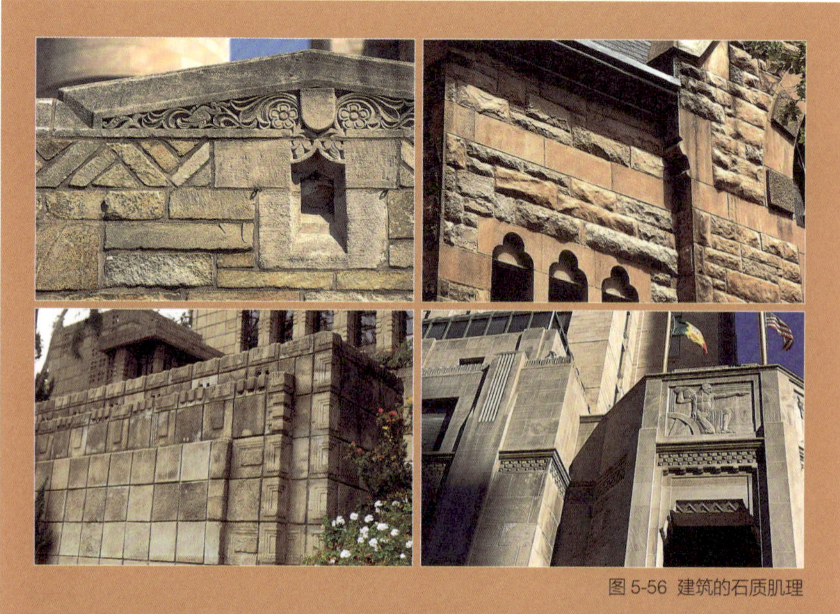

图 5-56 建筑的石质肌理

图 5-57 建筑表面的木质肌理

图 5-58 建筑的玻璃肌理

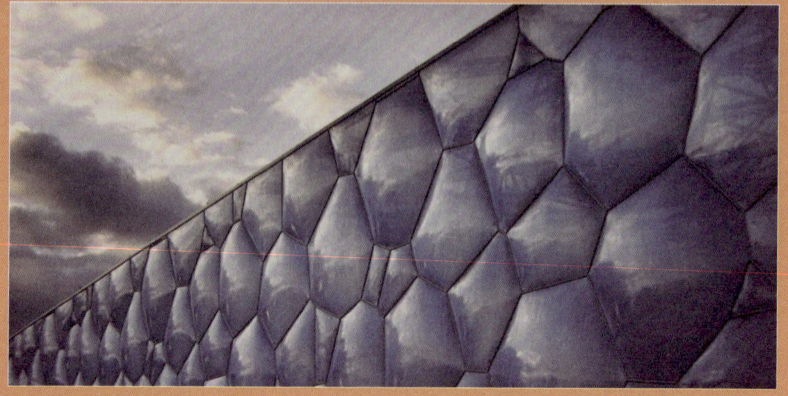

图 5-59 建筑的膜材肌理

3）壁饰

壁饰，顾名思义就是壁面装饰，它包括三个方面，一是以平面艺术的方式对墙壁表面进行处理（如壁画）；二是对墙壁表面进行附加艺术处理（如浮雕）；三是通过人工塑造手段形成艺术壁画或栅格。第一、二个方面与建筑外立面的关系密切，第三个则侧重于艺术与自然，而非建筑形态。但在空间中的阻隔、导向作用仍同于前者。与建筑物的其他部位相比，墙面的面积最大，所以，壁面常常成为建筑装饰的主角。在城市环境中，壁饰运用非常广泛，如建筑物外墙、工地围篱、道路隔声墙、公园、学校以及私人庭院的壁面等。然而，壁饰与纯艺术不同，它在一定程度上要受制于环境的性质。所以，一件成功的壁饰不仅需要集合艺术家、建筑师、环境艺术设计师、景观设计师以及业主、使用者的集体智慧，而且要考虑建筑的使用以及场所的环境特性。如学校建筑的壁饰，应具有一定的文化意义和教育意义。如果随心所欲地发挥或自我陶醉，有可能造成适得其反的后果（图5-60，图5-61，图5-62）。

图 5-60 日本校园墙壁上的装饰

图 5-61 美国达拉斯街头的壁饰

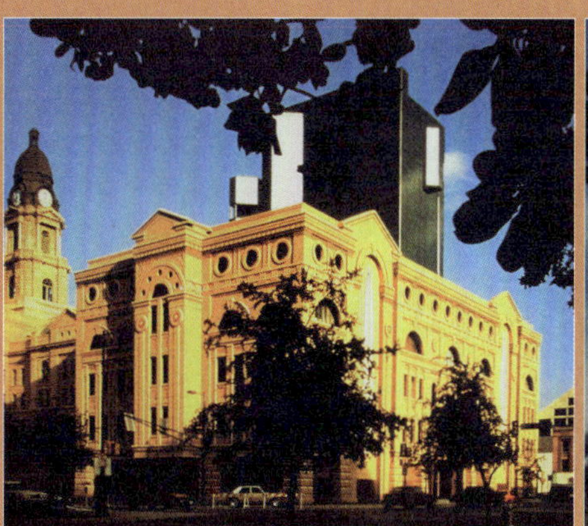

图 5-62 以假乱真的墙面绘画

4. 建筑装饰的风格语汇

每一个国家在长期的历史发展进程中都形成了自己独特的建筑艺术风格和特有的建筑装饰语汇。建筑装饰的风格语汇按地域可以划分为西方建筑装饰语汇、中国建筑装饰语汇、东亚建筑装饰语汇[8]和伊斯兰建筑装饰语汇等；按时间划分则可分为传统建筑装饰语汇和现代建筑装饰语汇。不过，我们在对建筑装饰语汇的认知过程中普遍存在一种误读或误解。如很多人将西方建筑装饰语汇看作是自古典主义到现代主义时期所有西方建筑装饰风格的统称，这显然是不准确，也不确切的提法。因为西方建筑装饰语汇依据不同的时间和地域形成了几十种风格，而且每一风格都有自己的特色，不能混为一谈。东方以及中国的建筑装饰风格也是如此。所以要了解每一地域的建筑风格及其装饰语汇就必须从历史脉络和地域文化入手，通过纵、横两条线索协同并进，才能完整地阐释各国建筑装饰的风格语汇。

1）西方建筑装饰语汇

（1）古希腊建筑装饰语汇。

古希腊位于地中海东部的克里特岛地区，这里多山地，盛产优质石材。早在2000多年前古希腊人就运用石材建造房屋，并产生了柱式和三角形山墙这一建筑装饰形式。柱式和山墙是古希腊建筑风格的代表性装饰语汇，广泛运用于当时的建筑之中。它以其美轮美奂的细节掩饰了石材的冰冷，而让人感到温和、亲切。柱式多用垂直线条装饰，尤其在柱头部位都装饰有精美的花纹，形成了独特的风格。山墙作为建筑立面重要的组成部分，内部充满了繁复的浮雕和多变图案，因此也是整个建筑的点睛之笔（图5-63）。

图5-63
帕特农神庙的外立面

8 东亚建筑语汇特指东亚地区的建筑装饰风格，包括日本、印度以及泰国等地区。

（2）古罗马建筑装饰语汇。

古罗马建筑是古希腊建筑的承袭和发扬。一方面它继承了古希腊时代的柱式；另一方面由于新材料的出现又创造出了新的拱券式建筑结构。在此基础上，古罗马人将希腊时代的柱式与拱券进行了有机的结合，从而创造性地开发出了券柱式和叠柱式建筑形式。圆润的拱券与优美的柱式相组合成为古罗马建筑风格的经典性装饰语汇。罗马式券柱结构有着古朴的风格和动感的造型，柱与券是支撑建筑的重要结构，也是建筑进行重点装饰的部位。在凯旋门以及角斗场等建筑上都有完美的体现。

古罗马是欧洲奴隶制时代的终结者，也是欧洲古典时代建筑语汇规则的定制者。到古罗马时期，影响西方建筑 2000 余年的五种基本柱式以及其他柱式已经全部出现。西方的古典柱式若按形态分类可以分为古希腊柱式和古罗马柱式。古希腊柱式包括：爱奥尼亚、多（陶）立克和科林斯式。古罗马柱式包括塔斯干柱式和复合柱式（图 5-64），其中塔斯干柱式是柱身比例粗壮，周身无圆槽，下面有柱础的一种简单柱式。复合式则是在科林斯式柱头上加上一对爱奥尼亚式的涡卷，柱身趋向华丽、细密和纤巧。若按所在位置划分，可以分为壁柱式和倚柱式。这两种柱式是

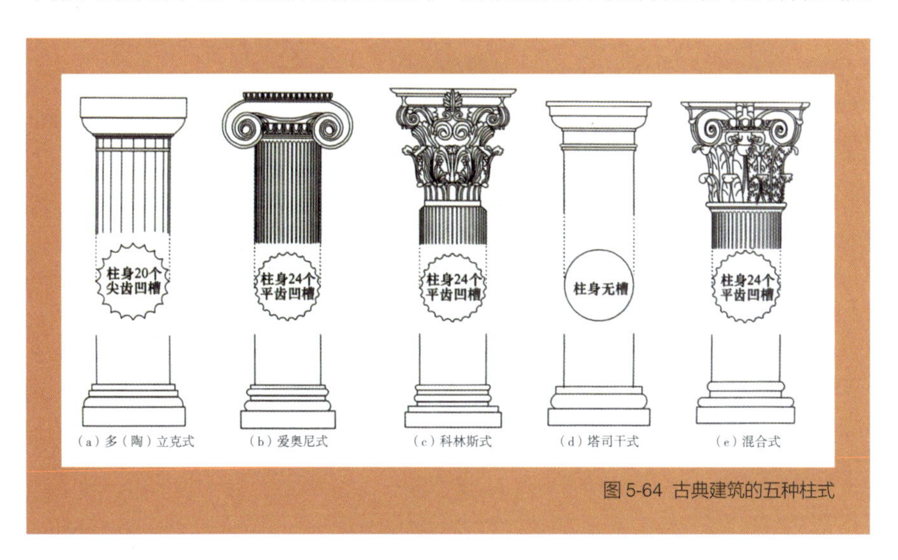

图 5-64　古典建筑的五种柱式

古罗马时期出现的特殊柱式形式，它的出现标志着柱式的功能从结构向装饰的转变。壁柱式是镶嵌在墙面上的一种柱式形式。虽然仍保持着柱式的形式，但它实际上是墙的一部分，并不独立承重，而是起到装饰或划分墙面的作用。依据凸出墙面程度的多少，壁柱又可分为半圆柱、3/4 圆柱和扁方柱等形式（图 5-65）。倚柱式是一种完整的柱子，距离墙面很近，从外部看好像是倚靠在墙面上，但实际上墙和柱之间还有一定的距离，它与壁柱一样并不承重，只是一种装饰。倚柱式常常和山花共同组成门廊，用来强调建筑的入口部分。这种柱式在文艺复兴时期以后及其后来兴起的古典主义建筑立面中被广泛运用（图 5-66，图 5-67）。

（3）罗曼式建筑装饰语汇。

罗曼式又称罗马式，是 10—12 世纪基督教统治下以教堂为代表的欧洲宗教建筑艺术的称谓。在建筑上因其普遍采用类似古罗马的券拱和梁柱结合的体系，并大量借鉴希腊、罗马时期的纪念碑式雕刻来装饰教堂而得名。罗曼式建筑装饰语汇的特点是以水平线和单圆心的拱券为主，宽阔平稳。塔楼固定在西南正门两侧成为罗曼式建筑风格的标志之一。如比萨主教堂即罗曼式建筑装饰风格的典型代表（图 5-68）。

图 5-65 英国伦敦宴会厅建筑立面的柱式

图 5-66 古典建筑中的壁柱与倚柱

图 5-67 肯勃兰连排住宅立面倚柱

图 5-68 比萨主教堂

（4）哥特式建筑装饰语汇。

哥特式建筑是中世纪晚期起源于法国的一种建筑风格。哥特式建筑风格的装饰语汇体现在三个方面：其一是使用双圆心的尖券和尖拱代替罗曼式的单圆心拱。修长的尖券，凌空起舞的飞扶壁以及垂直向上的墩柱使建筑显得轻盈、纤细、挺拔，有直冲云霄之感；其二是运用骨架券，把拱顶荷载集中到每个十字拱的四角，取消了墙体的承重作用，使得哥特式建筑的窗户很大，几乎占满整个墙面；其三是空前规模的彩色玻璃镶嵌画和高浮雕的运用。尤其是位于建筑正中心部位的大玫瑰窗，更是成为哥特式建筑风格装饰语汇的代表。面对哥特式精美的装饰艺术，歌德曾说“建筑是凝固的音乐”；大雕塑家雨果甚至感慨道：“有了哥特艺术，法兰西精神充分发挥出它的力量……主教堂这便是法兰西……它是我们的母亲”（图 5-69，图 5-70，图 5-71）。

图 5-69 哥特式建筑结构

图 5-70 巴黎圣母院及其玫瑰窗

图 5-71 哥特式教堂玻璃镶嵌画

（5）文艺复兴式建筑装饰语汇。

文艺复兴式建筑装饰语汇是指 14—16 世纪流行于欧洲的一种建筑风格。这种建筑在造型上摒弃了象征神权至上的哥特式建筑装饰语汇，代之以人体美的对称、和谐作为基本装饰设计思想。这一时期的建筑外立面广泛采用古典主义，尤其是古罗马时代的壁柱、倚柱以及穹顶结构，但又没有拘泥于古典形式，而是结合当时的许多科技成果灵活变通、大胆创新。打破了建筑和艺术的界限，将建筑、绘画与雕刻有机地融合在一起，创造了一种全新的建筑装饰语汇（图 5-72）。

图 5-72
安特卫普市政厅建筑立面

（6）巴洛克式建筑装饰语汇。

巴洛克式建筑是文艺复兴晚期“手法主义”风格的发展和变体。16—17 世纪初起源于意大利，因其装饰烦琐、杂乱无章而被称为“畸形的珍珠”。17 世纪几乎全欧洲都闪烁着这颗珍珠散漫而璀璨的光泽。巴洛克建筑风格的装饰语汇具有以下几个特点。一是节奏明快、追求新奇。例如，爱用双柱，甚至以三根柱子为一组，开间的宽窄变化很大。二是突出垂直划分，建筑主体用的是叠柱式，却把基座、檐部甚至山花都做成断折式的。还强调上下联系，破坏柱式固有的水平联系。三是追求强烈的体积和光影变化，起初 3/4 柱取代了薄壁柱，后来，倚柱又取代了 3/4 柱。墙面上会做深深的壁龛。四是有意制造反常出奇的新形式。例如，山花移去顶部，嵌入纹章、匾额或其他雕饰；把两个甚至三个山花乱叠在一起等。在追求这些新异形式的时候，不顾建筑的构造逻辑、构件的实际意义，甚至不惜破坏局部的完整，一味追逐视觉快感。五是注重建筑的空间感和立体感，并与绘画雕塑融为一体，强调艺术的综合手段（图 5-73，图 5-74）。

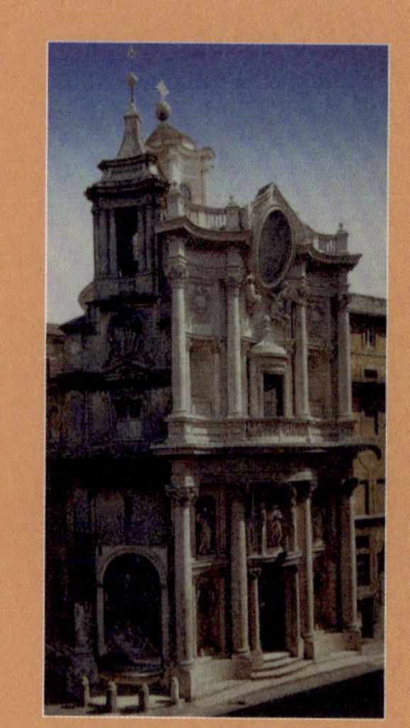
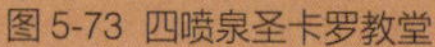
图 5-73 四喷泉圣卡罗教堂

图 5-74 卡里那诺府

（7）古典主义建筑装饰语汇。

古典主义风格是指 17 世纪起源于法国，主张运用古希腊、古罗马等古典时代语汇来装饰建筑以便与巴洛克分庭抗礼的一种建筑风格。二者的不同之处在于巴洛克服务于宗教，而古典主义则是服务于宫廷。因为它们的服务对象不同，所以风格形式也截然不同。出于为宫廷君主服务的目的，古典主义风格的建筑责无旁贷地要承载着维护统治者的尊严与体现皇家威仪的责任。所以，古典主义的建筑装饰风格具有强烈的理性色彩和逻辑美感以及追求所谓的“伟大风格”。“伟大风格”的核心包括两个方面：一是遵循严格的比例、尺度，就如勃隆台所说，“只要比例恰当，连垃圾堆都会是美的”；二是摒弃杂乱的装饰，追求纯粹简单的数学和几何结构，绝不容忍耽溺于装饰的趣味和任何的纷繁细节。所以，古典主义的建筑装饰语汇特点有：

① 注重理性，讲究节制，结构清晰，脉络严谨；

② 强调比例与度量，几何构图，轴线明确，主次有序；

③ 唯理主义的逻辑性、易明性、纯净性，普遍采用巨柱式。

在严格的理性主义思维控制下产生的建筑，虽然风格纯正、气质高雅、威严庄重，但整齐简洁的建筑立面以及程式化的装饰符号依旧让人感到冷傲严肃、气势凌人（图 5-75，图 5-76）。

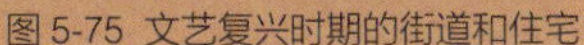

图 5-75 文艺复兴时期的街道和住宅

图 5-76 巴斯“马戏场”连排住宅

（8）集仿主义建筑装饰语汇。

法国古典主义建筑装饰风格点燃了欧洲各国探索古典建筑复兴的热情。18 世纪中叶至 19 世纪末法国爆发了规模宏大的资产阶级革命，资产阶级执政以后为了体现出与以往封建政权的不同，便开始追根溯源，纷纷从古希腊、古罗马的文化中寻求民主、共和的思想来标榜自己，企图在古典文化的遗存中找寻到执政的合法性与合理性。于是英、法、美等诸国掀起了一股复古思潮，以模仿古典时代的建筑装饰语汇为时尚。从希腊式到罗曼式、从哥特式到巴洛克式，凡是能找到的风格，无一遗漏地被新兴的资产阶级全部利用上。但是由于没有新材料、新技术的诞生，各国的复兴只是在古典主义的“杂货铺”里挑挑拣拣，来粉饰自己，并没有产生新的装饰形式。只不过是换了一种称谓，还算不上新瓶装旧酒，甚至只能说是旧瓶装旧酒罢了。所以这一时期的建筑装饰风格被称为“集仿主义”（即集体有意识的模仿）风格。这一风格在发展过程中又衍生出不同的形式，如新古典主义、浪漫主义、折中主义等，虽然名称不同，但内涵是一致的。“集仿主义”装饰风格的出现有着深刻的社会根源，其一是 18 世纪以后，多元化在各个领域成为主要特色，再没有一种艺术形式能够成为压倒一切的主流风格；其二是古希腊、古罗马的考古成就重新点燃了人们追求古典文化的热情。不过庆幸的是，古典主义风格在法国、英国以及美国都找到了尽如人意的发展环境，各种复古元素在与地域文化结合的过程中成就了一大批如画风格的经典建筑形式（图 5-77，图 5-78）。

图 5-77 大英博物馆

图 5-78 美国白宫

（9）现代主义建筑装饰语汇。

现代主义建筑装饰风格是相对于古典主义而言的一种建筑风格，是对 20 世纪以来建筑装饰形式的统称。这种称谓与人们对古典风格的认识一样是不确切的。现代主义风格是对一个时代的泛指，并不仅仅是特指某一种形式。因为在 20 世纪的 100 年中现代风格经历了国际主义、经典现代主义、新现代主义、后现代主义以及包含结构主义、解构主义、抽象表现主义、有机功能主义、生态主义和高技派在内的晚期现代主义等风格。这些风格都是在现代主义基础之上发展起来的，是对现代主义的演绎和发扬，而且它们都形成了自身的风格和特色，如果简单地将其称为现代风格显然是不准确的。

现代主义建筑装饰风格的产生有着深刻的社会根源。20 世纪初，第一次世界大战在欧洲爆发，因受战争的破坏，人们生活贫困、物质匮乏。在缺少基本物质保障的时代，人们是无法追求精神享受的。造型简洁，没有多余装饰的现代主义建筑风格因其成本低廉、建造简单、适宜大量建设等优势获得了社会的认可。现代主义建筑的基础是功能主义，主张“形式遵循功能”。德国现代主义设计大师迪特 · 拉姆斯指出：现代建筑风格的基本原则是“简单优于复杂，平淡优于鲜艳夺目；单一色调优于五光十色；经久耐用优于追赶时髦，理性结构优于盲从时尚。”这种风格引领了世界范围内的建筑设计主流，以致第二次世界大战后被称为国际主义风格。当时许多现代主义建筑师，从贝伦斯、格罗佩斯到密斯、赖特以及柯布西耶等人都重视功能，主张造型简洁，反对多余装饰，奉行“少就是多”的原则，以此作为自己从事设计和创作的依据。柯布西耶甚至总结出现代主义建筑的装饰语汇有五大特征：“色彩单纯、底层架空、自由平立面、横向长窗和屋顶花园”。如 1922 年他设计的萨伏伊别墅，基本就是对这五条原则的诠释（图 5-79）。

图 5-79 萨伏伊别墅

现代主义设计作为一个时代的产物，带有一定的时代烙印。它所奉行的“功能决定形式”、“少就是多”的原则早已深入人心。它不仅改变了一代人的生活方式，而且改变了一代人的思想观念和审美意识，对时代的贡献可谓是功不可没。但随着生产力的发展，物质生活的丰富，人们的文化水平、审美意识在不断提高，以及对高技术、高情感的崇拜，使人们对那些理性的、冷漠的设计失去了兴趣。无论是现代主义还是国际主义，作为一种一脉相承的设计风格，被认为是消除美感、破坏人类完美生态环境的帮凶。它利用简单的机械方式把原来与自然融为一体的都市环境变为玻璃幕墙和钢筋混凝土的“森林”，恶化了人类生活环境，破坏了传统的美学原则。正如鲁迅先生在概括文化更新换代时期的最大人生悲剧感时曾说“最大的悲哀莫过于人醒来之后无路可走”。现代主义作为除旧布新的文化思潮，恰恰把一代人从睡梦中唤醒，却又无力为他们指出切实的出路。人们对现代主义失望之余，一个以现代主义为攻击目标的设计风格——后现代主义出现了。

20 世纪 50 年代受大众（波普）文化的影响，现代主义风格中的纯理性主义倾向遭到批判，人们开始探索更具历史文脉以及讲究人情味和个性化的设计。后现代主义建筑风格开始盛行，并逐渐取代现代主义风格。后现代主义同样也是一个统称和泛指，它也包含了不同的风格形式，如新古典主义、文脉主义、隐喻主义、现代传统主义以及装饰主义等。虽然它们的名称不同，但核心内涵是一致的，即建筑风格的装饰语汇是一样的：强调设计应具有历史的延续性，但又不拘泥于传统的逻辑思维方式。在设计中常把夸张变形的，或是古典的元素与现代的符号以新的手法融合到一起。采用非传统的混合、叠加、错位、裂变及象征、隐喻等手段，以期创造一种融感性与理性，集传统与现代，揉大众与行家于一体的“亦此亦彼，非此非彼，此中有彼，彼中有此”双重译码的设计风格（图 5-80，图 5-81）。

图 5-80 伦敦泰特美术馆 - 克罗尔画廊

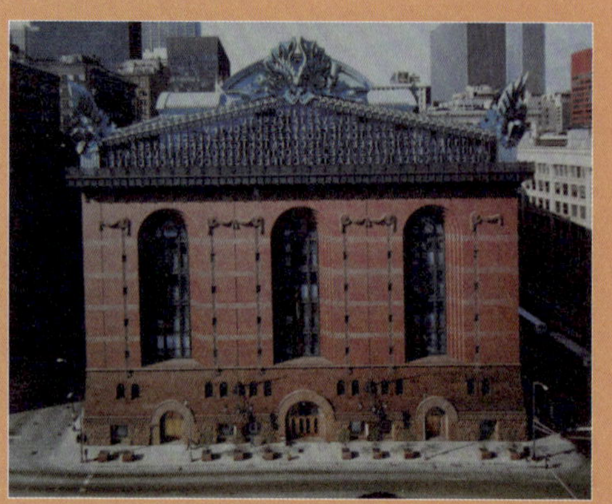

图 5-81 华盛顿图书中心

2）伊斯兰建筑装饰语汇

伊斯兰建筑装饰语汇是指出现在中东、西亚以及南亚等伊斯兰国家的建筑装饰风格。中世纪，阿拉伯国家和伊斯兰教地区的人们创造了独特的建筑体系，达到很高的艺术水平，在世界建筑艺术史上独树一帜。公元 7 世纪，随着阿拉伯人的征战，伊斯兰建筑风格从中亚的两河流域向欧洲以及北非等地区流传。现在，很多地区都能见到伊斯兰建筑的身影，尤其是清真寺更是遍布世界各地。伊斯兰风格深受罗马式和拜占庭式建筑装饰风格的影响，无论是清真寺还是住宅，装饰形式和装饰手法都大致相同。与变化多端的欧洲古典建筑装饰语汇相比，伊斯兰建筑装饰的发展脉络较为清晰、单纯。它具有三个方面的显著特点。

其一是多姿多彩的拱券和穹顶。拱券的形式有双圆心的尖券、马蹄形券、火焰形券、海扇形券、花瓣形券以及叠形花瓣券等（图 5-82）。拱券的样式富于装饰，

图 5-82 伊斯兰建筑的拱券形式

即使是梁柱结构的木建筑，也要模仿拱券的外形。为了配合形式多样的拱券，穹顶的装饰也很华丽，多用纯金金箔覆面，以产生一种金碧辉煌的视觉效果。

其二是大面积的图案。伊斯兰国家喜欢用复杂的图案覆盖在整座建筑的表面，图案基本上是以古兰经文、几何图形或植物为母题，并进行高度的抽象，这种图案被称为阿拉伯图案，极富装饰性（图 5-83）。

其三是马赛克饰面。马赛克在西亚地区有着悠久的历史。早在 2000 多年前，两河流域的人们就学会了用陶钉、陶片贴在墙面上以保护墙体免遭雨水的侵袭。这种做法被伊斯兰建筑传承下来，并成为伊斯兰建筑独特的装饰语汇。伊斯兰国家在用马赛克进行饰面时，并不是简单地将烧制之后的琉璃直接贴在墙上，而是对其进行艺术加工，将琉璃砖做成抽象的图案，再将其贴在墙上，具有强烈的装饰效果。印度泰姬陵是伊斯兰建筑装饰艺术的集大成者，印度文学家泰戈尔曾盛赞泰姬陵："挂在时光脸颊上的一颗泪珠"（图 5-84）。

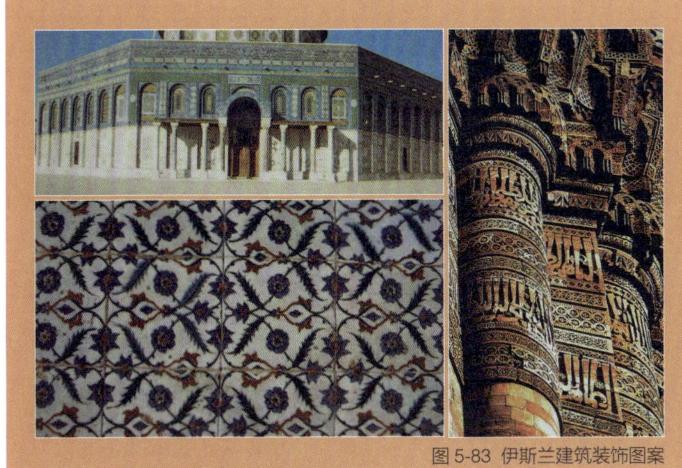

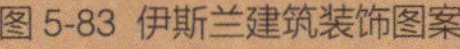

图 5-83 伊斯兰建筑装饰图案

图 5-84 印度泰姬陵

3）中国建筑装饰语汇

中国是一个有着 5000 年悠久历史的文明古国，在漫长的历史发展过程中，中国人创造了独具特色的建筑体系。由于地理条件以及文化背景的不同，中国的传统建筑无论是在材料、结构、风格以及装饰语汇上都形成了不同于西方的特色。西方的建筑是以石材为主，并在石质材料的基础上产生了梁柱式结构，其建筑装饰自然也就体现在了对石材柱式的雕饰上。中国传统建筑的材料是以木材为主，在此基础上形成了木构架结构，建筑装饰形式主要体现在对木结构的雕镂以及出于对木质材料保护为目的的彩绘上面。与西方的古典建筑不同，希腊时期欧洲人把建筑当作一件艺术品来看待，使建筑就如同一尊优美的雕塑。建筑装饰的美学方法也相对简单，例如比例、尺度、对比、协调以及主从等，而且这种美学手法贯穿了整个西方建筑风格的发展历程。中国传统建筑装饰形式要复杂得多。这是由中国是一个地域广大、民族众多，而且以农业为本的客观国情条件决定的。一方面，民族、地域的复杂性，导致了文化的多样性，例如，中国传统装饰语汇中既包含儒家文化又包含道家文化，同时又呈现黄老思想，多样性的文化形态在追求“天人合一”的境界里找到了各自的位置。另一方面，文化的多样性又带来了审美的多元化。中国古代社会是一个多阶级的社会，士、农、工、商是社会的主流阶层。在长期的生活经历中他们都形成了自己特有的审美方式和审美情趣，这种审美思想直接影响了建筑的装饰，使中国传统建筑装饰语汇成为文化哲学和审美思想的物化。

在先秦时代，中国的建筑基本是茅茨土阶、寡素简淡的形式。汉代以后在“非壮丽无以壮威”思想的影响下，中国的建筑形态开始从注重基本使用功能向追求气势宏伟、华贵绮丽的方向转变，并将哲学、文学、美学以及绘画融于建筑之中，使建筑成为一个天、地、神、人和谐相参的集合体。这就使得中国传统建筑构件的每一种装饰都具有一种特定的隐喻意义，绝不会出现没有任何寓意或指向的装饰语汇。

中国传统建筑风格的装饰语汇是极其丰富而多样的，广义的装饰语汇包括建筑物的表面装饰符号、建筑周围的环境意境以及建筑室内的装饰形式。狭义的装饰语汇主要是指组成建筑本体的构件装饰，如，屋顶、斗拱以及彩绘等细部的装饰与美化形式。屋顶、枋、斗拱和彩绘在中国传统建筑中最具特色，同时也是中国传统建筑装饰语汇的主要构成形式。

（1）屋顶。

在中国传统建筑中，屋顶是整个建筑中所占比例最大的部分。相对于屋身（墙体）的立面方形而言，屋顶的形态最富变化，所以中国古代建筑对屋顶装饰的重视程度要远远超过对墙体的装饰，以至于有人认为：“中国建筑就是一种屋顶设计的艺术[9]”。中国传统建筑对屋顶的装饰主要有两个方面：一方面是在屋顶构架连接的关键部位——屋脊上的装饰，如吻兽（鸱尾）、走兽等立体雕塑；另一方面利用屋瓦对屋顶进行美化，如瓦当、滴水等装饰。

中国传统建筑屋顶形制丰富多样，基本样式大致分为六种：庑殿式、悬山式、歇山式、硬山式、卷棚式以及攒尖式（图 5-85）。

庑殿式屋顶有单檐庑殿式和重檐庑殿式两种，它是中国传统建筑中形制最高的一种屋顶。这种屋顶的特点是有四个坡面，前后坡面相交形成一条正脊，两山坡面与前后坡面分别相交形成四条垂脊，故这种屋顶又称庑殿顶、五脊顶或四阿顶。庑殿顶一般多用于宫殿、寺庙等重要建筑上，如故宫午门、太和殿、孔庙大成殿。这

---

9 李允鉌，华夏意匠，天津：天津大学出版社，2005：185.

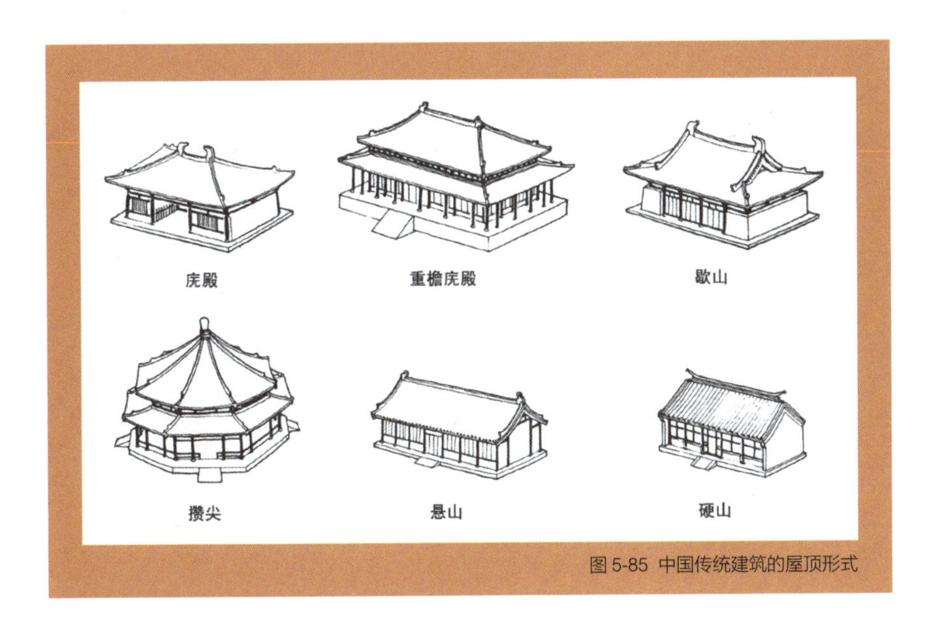

图 5-85 中国传统建筑的屋顶形式

种特殊的地位决定了它用材硕大、体量雄伟 、装饰华丽。

悬山式屋顶又称挑山式屋顶，其特点是“五脊二坡”。屋面前后两坡相交形成一条正脊，坡面的两端延伸至山墙外侧，并各有一条垂脊，故名“悬山式”。山墙的山间部分有时随着各层的排山梁柱砌筑成阶梯形，也称 “五花山墙”。这类屋顶多用于宫殿配房或民居等次要建筑上。

歇山式屋顶是庑殿式和悬山式的结合。从外部形态上看歇山式屋顶是在庑殿式屋顶之上加两山形成的。歇山式屋顶有一条正脊、四条垂脊、四条戗脊，又称“九脊顶”。歇山顶在形态上有单檐、重檐以及卷棚等区别。在中国传统建筑中，因为歇山式屋顶既有庑殿顶的雄浑气势，又有悬山顶的轻盈俏丽，所以它的应用范围是最广的，无论是宫殿、府邸、庙宇还是园林都可以见到这种屋顶形式。

硬山式屋顶和悬山式屋顶一样是“五脊二坡”的形式，屋顶只有前后两坡。不同的是硬山式屋顶的屋脊与山墙处于同一平面，山墙直上，两侧与垂脊相连，并且檩木梁架全部封砌在山墙内，故名“硬山式”。此类屋顶多用于民居，尤其是北方民居较为常见。

卷棚式屋顶顾名思义就是屋面两坡的交会处没有正脊，而是如同卷席状的圆滑弧线，只在前后屋面的两端处有四条垂脊，所以又叫“元宝脊”屋顶。由于这种屋顶的规格较低，一般只用作普通民居、配房或垂花门（图 5-86）。

攒尖式屋顶又称斗尖顶，是指屋面和垂脊在顶部交会于一点，形成尖顶。顶部往往用葫芦、宝瓶或仙鹤等吉祥物装饰。攒尖顶形态丰富，既有单檐也有重檐；既有圆形、三角形、四边形、五角形，也有六角形和八角形等。由于这种屋顶身姿峭拔、玲珑精致，在宫殿、寺庙以及园林之中多有运用（图 5-87，图 5-88）。

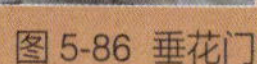

图 5-86 垂花门

图 5-87 天坛祈年殿

图 5-88 苏州园林

屋顶上的屋脊作为传统建筑重要的结构连接部位，又位于引人注目的屋顶高处，往往成为传统建筑的装饰重点。在装饰思想和装饰手法上通常具有一定的寓意，或是体现身份地位，或是表现文化品位，或是避祸祛灾、祈福平安抑或是传达美好的愿望等。这是中国传统建筑装饰的核心思想，不仅体现在屋顶装饰上，其他部位的装饰皆是如此。

中国传统建筑的屋脊分为正脊、垂脊、戗脊和角脊等形式。正脊是屋顶前后两个坡面的交界线。对正脊的装饰是传统建筑的重要做法。一般而言，正脊与垂脊和戗脊的交会点处都设有“吻”。因其位于正脊的两端，故又称“正吻”。正吻是中国传统建筑的基本装饰语汇之一。高阳先生在《中国传统建筑装饰》一书中指出：正吻这种装饰形式最早见于汉代的石阙，当时的形象类似风鸟（图 5-89）。

东汉时期佛教入主中原，南北朝之后佛教成为中国的主要宗教，佛寺遍布于全国各地，仅南朝都城建康就有几百座寺庙，如杜牧诗云：“南朝四百八十寺，多少楼台烟雨中”。随佛教而来的除教旨、教义之外还有佛教的装饰。受佛教的影响，正脊两端的形象被称为“鸱尾”（鸱吻），鸱尾在佛教中被称为魔羯鱼，是雨神的坐骑（图 5-90）。据佛经文献记载：“海有鱼虬，尾似鸱，激浪即降雨。”鸱为鹞

图 5-89 汉阙

图 5-90 鸱尾

鹰一类的禽鸟。因为中国传统建筑的材料是以木结构为主，防火成为保护建筑和人身、财产安全的首要问题。将“鸱尾”置于屋顶，不仅有装饰之意，更兼有降火避灾的愿望。所以，南北朝之后“广兴屋宇，皆置鸱尾”（《北史·高道穆传》）。宋元之后，为了体现帝王形象，在宫廷建筑中鸱尾逐渐被龙形代替。龙形的正吻又被称为“螭吻”。螭是龙的儿子，符合帝王是真龙天子的身份形象。到明清时，宫廷建筑基本都是以龙形的螭吻作为正脊两端的主要装饰。如明代李东阳在《怀麓堂集》中记载：“龙生九子，蚩吻平生好吞。今殿脊兽头，是遗其像。”螭吻尾部向上卷曲，头部呈龙形，龙口吞含正脊。为体现水能克火的寓意，螭吻上还雕刻有小龙或水纹（图 5-91，图 5-92）。与宫廷或官式建筑的屋脊相比，普通建筑或民居建筑的屋顶正脊装饰则是形态各异的，既有龙形、夔形、凤形的神物，又有家禽、家畜以及戏剧人物，丰富多样，千姿百态（图 5-93）。

图 5-91 唐代建筑屋顶的鸱吻

图 5-92 故宫太和殿屋顶的螭吻

角脊是庑殿顶或歇山顶的四角，是屋顶装饰的又一重要部位。位于这一部分的一系列仙人走兽叫“嘲风”，与正脊的“螭吻”性好望好吞相比，“嘲风”性好险，所以被放在角脊上。角脊上的装饰依据等级和屋顶大小，走兽的数量不等，最少可以一个，最多可以设置十个。如故宫太和殿的角脊上安放了十个走兽，加上一个仙人共十一个，为中国古代建筑角脊装饰的最高等级。位于角脊上的这些装饰不仅各

图 5-93 普通建筑屋顶的正脊装饰

有其名，而且各有其序。屋角最前面的一个是仙人骑凤雕像，寓意“仙人指路”；其后依次为：龙、凤、狮、天马、海马、狻猊、押鱼、獬豸、斗牛、行什。其中龙凤代表皇帝和皇后；狮子为百兽之王，突出帝王的权威；天马和海马象征皇帝威德上通天地、下及四海；狻猊能食猛兽，象征皇帝威仪；押鱼和斗牛可兴云布雨，寓意克火降灾；獬豸可明辨是非，象征皇帝明察秋毫、恩威分明；行什酷似雷公，寓意躲避雷击（图 5-94，图 5-95）。同正脊装饰一样，官式建筑的角脊有着严格的等级形制，而民间建筑的角脊装饰则形式活泼、灵活多样，不仅有兽脊还有雕饰精美图案的花脊等，既华丽美观又寓意吉祥（图 5-96）。

除正脊、角脊有精致的装饰之外，垂脊和戗脊也有装饰，垂脊前端的兽头状瓦件雕饰叫作垂首；歇山顶下半部博风板至套兽间的戗脊前端的装饰叫戗兽。

（2）枋与斗拱。

中国传统建筑向来遵循审美性与实用性高度统一的原则。任何建筑装饰都不是无用的附属物，首先是建筑的组成部分，然后才是装饰对象。如枋、斗拱等，首先要满足其作为建筑构件的基本使用功能，然后再进行装饰和美化，使之成为承载文化含义和美感，具有欣赏价值的装饰部件[10]。

① 枋。

中国传统建筑中最主要的承重结构是柱和梁，而起到稳定柱和梁的构件则是枋。枋虽然不是主要的承重构件，但在辅助梁架组成整体构架中却起着至关重要的作用。枋有三种形式，分别为：额枋、平板枋和雀替。

10 高阳，中国传统建筑装饰，天津：百花文艺出版社，2009：10.

图 5-94 故宫太和殿角脊上的走兽

图 5-95 乡土建筑屋顶装饰艺术

图 5-96 民间建筑的角脊装饰

额枋也叫阑枋，是建筑物檐柱柱头间的横向联系与承托的水平构件。大型宫殿等带斗拱的建筑一般都有额枋，民居或小型无斗拱的建筑一般称为檐枋。建筑外檐如果用两层额枋称为重檐枋，上面与柱头齐平的称为大额枋，下面较小的一层称为小额枋。

平板枋或称普拍枋，是平置于额枋之上，用以承托斗拱的构件。这种构件最早出现于唐代，宋元时期使用渐多，早期的断面形态与额枋一致，后来逐渐变高、变窄。明清时期宽度已明显窄于额枋。平板枋最初在角柱处不出头，后来渐渐凸出于角柱，其形态或垂直切割或雕刻海棠纹饰等（图 5-97）。

图 5-97 故宫景阳宫外部结构及枋

雀替又称绰幕枋、撑拱、角替或替木，是位于建筑中的梁或额枋下与柱相交处的短木。其作用主要是缩短梁枋的净跨距离，防止横竖构架倾斜以及支撑建筑外挑木、檐与檩之间的承受力，稳定屋架和加固屋身。依据建筑物的大小以及等级形制，雀替有大雀替、小雀替、龙门雀替、骑马雀替、通雀替以及花牙子雀替等形式（图 5-98）。

图 5-98 中国传统建筑中雀替的造型

② 斗拱。

斗拱是中国传统木构架建筑特有的构件，也是中国传统建筑风格的典型装饰语汇。斗拱主要由水平放置的方形斗、升和矩形的拱以及斜置的昂组成（图 5-99）。梁思成对斗拱的解释是：“在梁檩与柱之间，为减少剪应力故，遂有一种过渡部分之施用，以许多斗形木块，与肘形曲木层层叠托，向外伸张，在梁下可以增加梁身在同一净跨下的荷载力，在檐下可以使出檐加远[11]”。从梁思成的阐述可以看出，斗拱在中国传统建筑中有两个方面的作用；其一是位于梁和柱之间，由屋面和上层构架传下来的荷载通过斗拱传给柱子，再由柱和柱础传递到基座，因此，它起着承上启下、传递荷载的作用；其二是斗拱层层叠托，向外出挑，可把最外层的桁、檩挑出一定距离，使建筑出檐更远，造型更加优美壮观。除此之外，斗拱还有另外一种作用，即体现等级制度和装饰美化建筑。从历代《舆服志》中可以窥见斗拱及其装饰在建筑中所体现的森严等级。如《唐史·舆服志》载：“王公以下不得施重拱、藻井；……庶人所造堂舍不得辄施装饰”。《宋史 · 舆服志》载：凡民庶家，不得施重拱、藻井，及五色文彩为饰”。《明史 · 舆服志》载：“官民房屋，不许雕刻古帝后圣贤人物及龙凤、麒麟、犀象之形……不许歇山转角重檐、重拱及藻井……一品二品厅堂五间九架、屋脊用瓦兽、梁栋檐角青碧绘饰……六品至九品厅堂三间七架、梁栋饰以土黄；房舍门窗户牖不得用丹漆，庶民庐舍不许用斗拱饰彩色”（图 5-100）。

斗拱作为中国古代建筑的基本装饰语汇，它的形制和作用历经了四个阶段的发展变化。第一阶段是形成阶段：斗拱最早形成于先秦时期。从《论语》等文献以及出土的青铜器的装饰上均可见到关于斗拱的记述。第二阶段是发展阶段：两汉时期中国传统建筑的斗拱形制已经基本确立，从汉代的画像石、画像砖以及明器中可以看到，这个时期已经有了有一斗二升、一斗三升、一斗四升以及单层拱、多层拱等形式（图 5-101）。第三阶段是成熟阶段：斗拱自汉代确立以来发展至隋

11 李允鉌，华夏意匠，天津：天津大学出版社，2005：238.

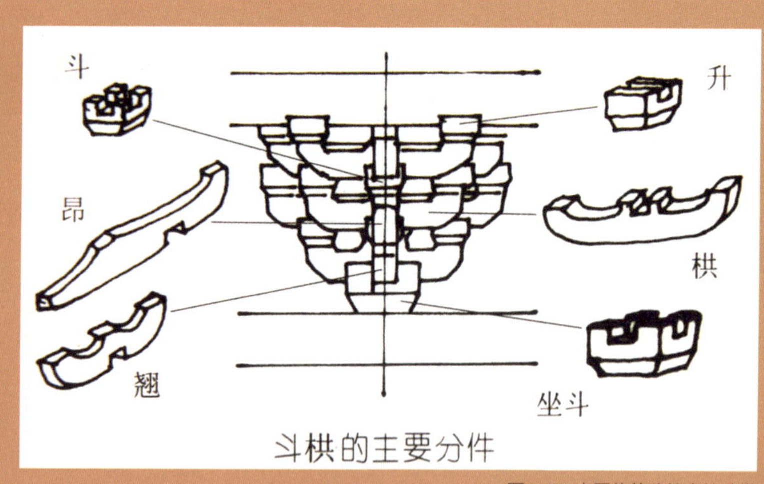

图 5-99 中国传统建筑中的斗拱

图 5-100 紫禁城角楼屋顶的斗拱

唐时日趋成熟。据敦煌壁画所示：唐代斗拱硕大、出檐深远。第四阶段是蜕变阶段：到宋代以后斗拱作为承托屋檐和梁架的功能开始减弱，逐渐走向装饰，补间铺作朵数增加，柱身比例增高，屋顶坡度比例加大。斗拱到了明清时期发展得更为纤小、繁缛、排列紧密。斗拱失去了原本的结构功能而成为纯装饰性结构件（图 5-102，图 5-103，图 5-104）。

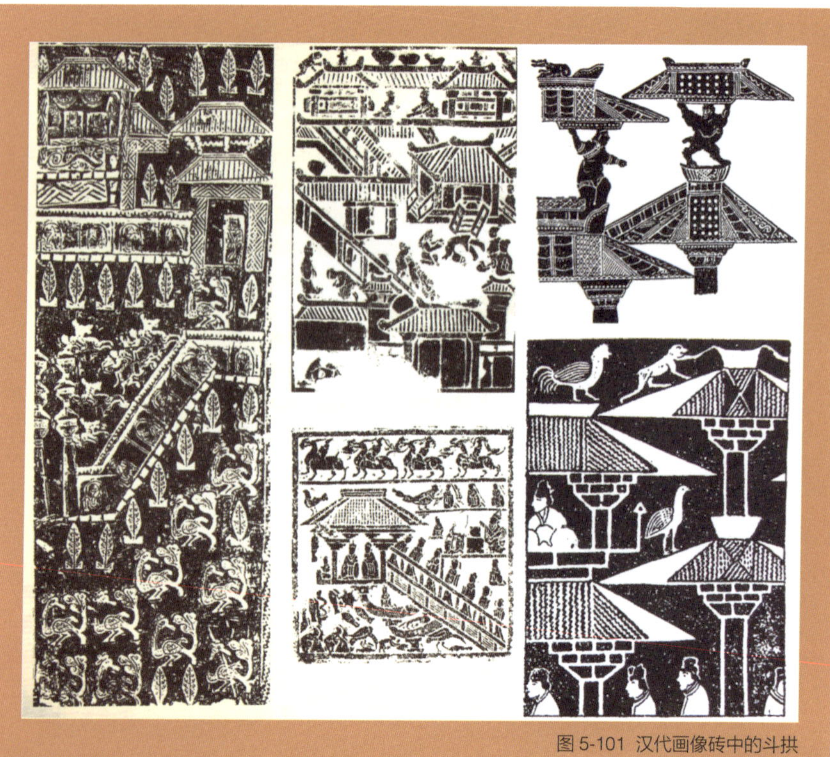
图 5-101 汉代画像砖中的斗拱

图 5-102 唐代的斗拱

图 5-103 宋代的斗拱

图 5-104 明清时代的斗拱

（3）彩绘。

彩绘是中国传统建筑风格中最具特色的装饰语汇。彩绘的出现源于两个方面的功用：其一是保护柱、斗拱、枋木、椽身以及望板等木构架免受风雨侵蚀；其二是装饰美化建筑和体现等级制度。早在春秋时期，建筑已经开始实施彩绘，如《论语》载“山节藻棁”，就是将建筑梁架上的短柱绘上水藻一样的纹饰。秦汉时期，在一切重要建筑的柱、梁或椽子上也绘有龙蛇、云团等图案。南北朝时由于佛教传入中土，佛教的一些图案，如卷草、莲花、火焰等形式出现在建筑的装饰上。宋代中期，为适应等级制度，彩绘的形式得到规范，龙凤、麒麟、犀象等被分类应用到不同等级、类别的建筑上。明清时代，彩绘被进一步程式化，形成了三大类别：和玺彩绘、旋子彩绘和苏式彩绘。其中，和玺彩绘和旋子彩绘多用于宫殿、庙宇以及衙署等建筑，故又称“殿式”彩绘。

① 和玺彩绘。

和玺彩绘是中国传统建筑彩绘中等级最高的一种，多用于宫殿、庙坛的主殿、堂门等处。在构图上以龙凤为主题，局部以卷草和水纹填充。梁枋各部位的彩绘用“Σ”形折线分段，各主要线条均要沥粉贴金。金线的一侧衬白线或同时加晕。各构图部位内的花纹也要沥粉贴金，并以青、绿、红等颜色做底。衬托金色图案，显示出华贵富丽之美。根据各部分绘画内容的不同，和玺彩绘又可以分为金龙和玺、龙凤和玺和龙草和玺等形式（图 5-105，图 5-106，图 5-107）。

图 5-105 和玺彩绘及示意图

图 5-106 和玺彩绘类型

图 5-107 故宫和玺彩绘

② 旋子彩绘。

旋子彩绘在形制上是仅次于和玺彩绘的一种装饰形式，与和玺彩绘只能应用于宫殿、庙堂等建筑相比它适用范围更广，宫廷配殿、官署、庙宇、牌楼等均可使用。旋子彩绘的特点是在找头内使用带旋涡状的几何图案，这种漩涡叫“旋子”（旋花）。旋子各层花瓣由外至内分别为：“一路瓣”、“二路瓣”、“三路瓣”和“旋眼（旋花心）”。旋花瓣之间的三角区域叫“菱角地”，反正旋花中间的空地叫“宝剑头”，旋子靠箍头部位的图案叫“栀花”。旋子彩绘以“一整两破”为基础，以找头长短做增减旋子花瓣的处理依据。构图分别为：“勾丝咬”、“喜相逢”、“一整两破”、“一整两破加一路”、“加两路”等[12]。另外，旋子彩绘依据绘制过程中用金量的多少又可以分为八种形式：金琢墨石碾玉彩绘、烟琢墨石碾玉彩绘、金线大点金彩绘、墨线大点金彩绘、金线小点金彩绘、墨线小点金彩绘，以及雅文墨、雄黄玉等彩绘（图 5-108）。

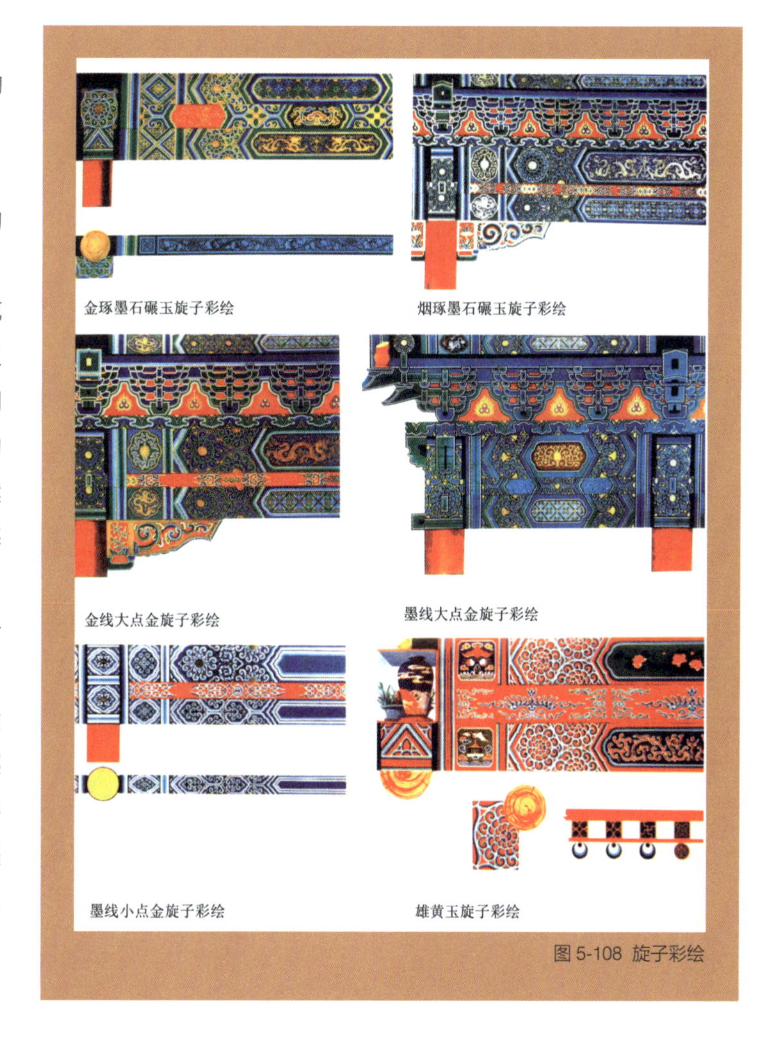

图 5-108 旋子彩绘

12 朱小平，中国建筑与装饰艺术，天津：天津人民美术出版社，2003：219.

③ 苏式彩绘。

苏式彩绘起源于苏州地区，故得名。苏式彩绘不像和玺彩绘和旋子彩绘那样形式固化、庄重、严肃，而是一种题材自由、构图活泼的彩绘形式，常用于各种园林与住宅之中。苏式彩绘是由图案和绘画两部分组成的。图案多用各种回纹、卍纹，夔纹、汉瓦、连珠、卡子以及锦纹等样式。绘画的内容多是具有教育意义的历史故事、古典名著。如：孟母三迁、精忠报国、二十四孝、桃园三结义、三顾茅庐等或具有装饰意义的山水人物、花鸟鱼虫、梅兰竹菊、文房四宝等，以体现主人的文化品位或象征人们对吉祥、幸福和美好生活的寄托。

苏式彩绘与和玺彩绘和旋子彩绘在形式上最大的区别在于枋心，它是将檩、垫、枋三个部分连在一起，并在枋心部位画线围成一个半圆形的空地，称为“包袱”。包袱的轮廓通常做多层退晕，内层称“烟云”，外层称“托子”。烟云退晕以青、紫、黑三色为主；托子以土黄、绿和红为主。包袱两侧的找头如果是青底则常绘以繁锦纹饰，若是绿底则饰以动物或花枝纹样。苏式彩绘发展到晚期以后在装饰样式上形成了三种固定的格式：包袱式、枋心式和海墁式。另外，苏式彩绘依据工艺的繁简、用金量的多少以及退晕层次又可分为金琢墨、金线、黄线三种高、中、低级别的彩绘形式（图 5-109，图 5-110）。

图 5-109 苏式彩绘

图 5-110 苏式彩绘的包袱

第四节 道路铺装要素

道路铺装是城市的底界面设计，它作为城市艺术的重要元素之一，是城市公共空间中最能迅速跃入行人眼帘，吸引人们注意的部分之一。据研究表明，当人们在路上行走时，为了看清路线和前方的物体，视觉轴线往往要向下偏移 10° 左右。行进中的人们实际上只能观看到建筑物的底部、路面以及街道中正在发生的事情。所以，城市底界面是人们生理、心理和视觉上接触最频繁的界面，其环境质量的高低对城市整体艺术氛围的影响将是举足轻重的。道路铺装犹如“一块华丽的地毯铺在脚下[13]”，优美的纹理、鲜明的色彩能为城市增色不少。因而，对城市底界面装饰和美化在城市艺术设计中占有重要的地位。

城市道路铺装依据功能和作用的不同可以分为两大类：铺地和井盖。其中铺地又可以分为两种形式：硬质铺地和软质铺地。硬质铺地是指以石材、砖材或沥青、混凝土等为主要材质的道路铺装，它主要为城市中的机动车或行人提供一个便于行走的硬质路面。软质铺地也称柔性铺地，特指以木材、橡胶或草坪为主的铺装形式，它的作用是为城市居民提供一个有利于休闲、运动或有机会接触自然的环境（图 5-111，图 5-112）。

图 5-111 硬质铺地

图 5-112 软质铺地

13 ［英］克里夫 · 芒夫汀著，韩冬青等译，美化与装饰，北京：中国建筑工业出版社，2004：96.

1. 道路铺装的功能

城市道路铺装的功能主要体现在四个方面。

其一是为城市提供一个硬质干燥、不易跌滑的表面，可承载机动车交通或人车混行。

其二是划分不同性质的交通空间。道路是构成城市的基本骨架，而且城市中的交通空间是多种多样的，既有车行道、人行道又有散步道，增强可识别性既是交通安全的需要同时也是健康生活的主要内容。通常的做法是在人行道与车行道之间设置一个高差达 10 ~ 15 厘米的台阶，以水泥块或花岗岩作为路牙，以界定空间特征。但这种做法太过生硬，如果能利用路面铺装色彩、材质、构形的变化或再配合隔离墩、隔离绿带、界桩或花栏等硬质隔断界定人行道与车行道的边界，既保证了交通的流畅，又提高了行人的安全度和舒适度（图 5-113）。

其三是表明所属权、提升归属感和认同感。道路铺装是功能与审美高度统一的实用艺术。它不仅仅是支撑人、车的承载物，同时更是一座城市人文精神、艺术思潮的反映。地面铺装在满足基本要求的同时，可以依据城市的历史文化、景观特色等选择不同的图案作为装饰和美化元素。这不仅可以促进一座城市特色的形成，同时也能够保留与昔日的某种关联，维持记忆的轨迹[14]，从而产生一种文化共鸣。所以，成功的道路铺装设计对于理解、记忆和传达城市精神具有不可替代的作用（图 5-114）。

其四是界定交通空间性质或给予警告。方便、快捷的交通是人们对城市的基本要求，但前提是人与车要各行其道、互不侵犯。在城市道路中，有效控制人、车的流速、流量是保障交通安全、和谐的主要内容之一。为了规范人、车的行动路径以及获得对人、车速度、方向的有效引导，交通部门通常会采用简单的信号灯、标志线以及交通线等方式。但这种方式既缺乏观赏性又没有特性，使城市设计缺少细节关怀。如果能够运用不同的材料、色彩或图案装饰道路，对于界定交通空间的属性以及提升城市美感将具有重要作用（图 5-115）。

2. 道路铺装的设计原则

1）耐受性原则

耐受性是指道路铺装的强度以及抵抗侵蚀的承受能力。道路铺装作为承载人、车的支撑物，首先要具有足够强度。一方面是抗压弯的强度，另一方面是承受风霜雪雨等恶劣气候条件的影响和酸、碱、盐等物质的侵袭，即耐热、耐寒、耐磨以及耐风化的强度。

---

14 [英] 克里夫 · 芒夫汀著，韩冬青等译，美化与装饰，北京：中国建筑工业出版社，2004：102.

图 5-113 城市道路铺装

图 5-114 富有个性的城市道路图案

图 5-115 道路图案的引导和警告作用

2）安全性原则

道路铺装的安全性永远是第一位的，不能因为形式的问题而牺牲安全性。道路的安全性是指路面的防滑和防眩光。就道路铺装而言，不管使用何种材质、色彩首先要保证道路是平坦且不易打滑的。尤其是在雨雪天气时，具有一定摩擦力的路面对于保障人、车的安全是非常有意义的。其次是应保证道路的材质和色彩在晴天时不反射阳光，以防止因眩光引发的交通事故。

3）美观性原则

美观性是指在满足道路基本功能的同时对其进行装饰和美化。但这种装饰和美化不是独立于功能之外的“游离式美化”而是结合功能的美化。即依据不同的功能，通过地坪高差、材质、色彩、肌理或图案的变化创造出独具匠心、富有美感的路面形式。

4）可辨别性原则

可辨别性原则是指道路铺装设计要有利于区分不同使用功能的空间属性。如车行道、人行道、散步道的功能、属性不同，在设计的方式、方法上也应有所不同。如可以通过利用不同的材质进行区别（图 5-116）。

5）经济性

兼实用、经济、美观是建筑的三原则，同时也是指导道路铺装的三原则。经济性是指道路铺装要造价低廉、施工简单，便于后期的维护和修缮。

3. 道路铺装的设计元素

1）色彩

道路铺装的色彩作为城市的“底”，是对人、建筑物、构筑物以及公共艺术等各种城市的“图”的衬托。人才是城市的主体。所以，道路铺装色彩的选择必须有利于人的安全和舒适。一般而言，对于长距离行驶在灰色路面上的驾驶员来说，单调的色彩容易引起驾驶人员的疲劳困顿、反应迟缓。如果每隔 5 ~ 10 千米利用路面铺装改变道路的色彩则可以有效地吸引驾驶人员的注意力、缓解疲劳、清醒头脑。这样既可以有效降低交通事故的发生率，又可以丰富城市的色彩。对于城市中的行人或游客来说，受生理和心理因素的制约，最佳的步行距离是 500 米左右，超出这个距离就会引起人的视觉疲劳和身体倦怠。尤其是在缺乏色彩刺激的环境中，身心的疲劳感会来得更快。但如果道路铺装的色彩柔和、图案新奇而又富于变化，则可以在一定程度上避免因路面单调乏味而引起的不快。间或加入带有地域文化的符号或历史图案，则会使游人或市民顿生如沐春风的感觉，并从中获得审美愉悦感，使行走成为一种享受，即使超过 500 米或距离更长也不会感到疲劳（图 5-117）。例如美国圣路易斯堡的人行道用白线将其分割为三条，爱欣赏橱窗的行人可走在最里面；习惯步行的人可走在中间，而急于赶路的人则可走在外边。这种通过色彩来区分道路空间性质的做法，为有不同需要的人群提供了各得其所的可能。日本的街道

图 5-116 不同材质的道路铺装

图 5-117 城市道路色彩

一般比较窄，为了划分道路性质，通常会用彩色铺装配合硬质隔断来分割人行道与车行道，大大增加了步行的安全性。另外，新加坡的一些人行道也通常使用彩色水泥砖或天然的有色石材铺装道路，当地人称之为“彩色人行道”。这种铺装形式在增强行走的趣味性的同时，又提升了城市的艺术感，可谓是一举两得（图 5-118）。

鉴于道路铺装色彩对城市以及居民活动的影响之大，在色彩的选择上必须谨慎。首先，道路的色彩应避免使用浅色和强对比色（特殊情况除外），而应以沉稳为主，不要过于热烈、刺激和跳跃；其次是色彩的明度和纯度不宜过高，否则，在晴天时容易产生眩光。如果设计不当这两种情况都容易引起交通事故。

2）肌理

城市道路铺装之美很大程度上要依赖材料质感所形成的肌理。肌理能最大限度地发挥材质本身的原始之美，如花岗岩的粗犷、鹅卵石的圆润、黑板瓦的古朴、青石板的庄重等，无须任何雕饰，出水芙蓉、浑然天成。道路铺装是一种整体性设计，

图 5-118 色彩绚丽、图案丰富的道路铺装

肌理的选择需要综合考虑与环境整体的统一性和协调性等因素。如道路的肌理要与色彩的变化均衡相称，如果铺装材料的色彩、图案丰富多端、变化多样，则肌理的变化就要少一些或简单一点，避免造成视觉混乱。另一方面，不同的环境要使用不同的肌理，园林步道可选用一些肌理粗糙并带有图案的材质，包括鹅卵石、青石板等；车行道则需要选用肌理细腻一些的材质，如花岗岩、水泥等。如果忽略了具体环境就容易造成交通危险（图 5-119）。

图 5-119 道路铺装的肌理

3）图案纹样

铺装的图案或纹样对街道起着重要的装饰作用。不同的图案样式能体现着不同的设计意图、场所精神和城市文化。例如直线纹样可以增强空间的方向感，曲线可以增强空间的运动感。城市中道路铺装的运用要遵循三个方面的原则。

其一是丰富性原则。《国语·郑语》说："声一无听，物一无文，味一无果，物一不讲"。任何单一元素都不可能产生内容丰富、具有美感的图形。这就需要点、线、面的相互结合、彼此呼应才能形成具有观赏性的纹样（图 5-120，图 5-121）。

图 5-120 肯尼亚内罗毕狩猎宾馆前的道路铺装图案

图 5-121 点线面结合的道路铺装图案

其二是图案纹样要结合地域文化或城市特色，避免"为艺术而艺术"的空洞美化。任何一个城市都有它特定的发展历史、自然环境或物产特色，如果将其进行图案化处理并应用到道路铺装之中，不仅可以于细微之处彰显城市的艺术气息，同时还能展现一座城市的历史风貌。以日本的井盖为例，日本每一座城市的井盖都融入了当地的文化特色或历史故事。例如作为历史名城的大阪是赏樱胜地，该市井盖上的图案就以怒放的樱花为主；静冈县是富士山的所在地，静冈县的井盖就形成了以富士山为主题的装饰图案；北海道的函馆市盛产墨鱼娃娃，墨鱼就成为该市井盖的主要图案（图 5-122）。

其三是道路铺装的图案或纹样应起到引导的作用。道路的引导除设置必要的路标之外，还可以通过道路铺装的图形、纹样进行补充。如可以在商业街的路面上通过绘制或镶嵌碎石组成精美的图案及标志，来告诉人们附近有什么样的商店和业态，以引导有需要的人前往。另外，在自行车道、人行道等路面上则可以绘制自行车或脚印等图案，对人的行为进行引导和规范。这种引导方式比传统的路标和标识更显亲切、自然，也更容易让行人接受（图 5-123）。

图 5-122 日本的井盖

图 5-123 引导性的道路铺装

第五节 环境绿化要素

1. 城市环境绿化的概念

城市环境绿化泛指在墙面、屋顶、立交桥、河道堤岸等各类建筑物和构筑物的地面、立面、顶面等空间进行多层次、多功能的综合性、系统性绿化。它的具体形式包括：墙面绿化、屋顶绿化、阳台绿化、坡面绿化、立交桥绿化以及花架、棚架、栅栏绿化（图 5-124，图 5-125）。

当代城市的发展基本上是建立在以牺牲自然环境为代价的基础上换取的发展。很多城市在发展过程中过于注重 GDP 的净增长，而忽略了与环境的协调发展，从而导致了城市生态环境的日益恶化。如废气、沙尘、雾霾、噪声等都对城市居民的身心健康造成了严重的损害，尤其是大型城市，环境问题更是令人担忧。对于一座宜居的城市而言，不仅要具备完善的物质设施，同时还要拥有优美的生态环境。环

图 5-124 墙面绿化

图 5-125 屋顶绿化

境绿化作为城市艺术的重要组成部分，不仅能为身居都市的人们提供一种赏心悦目的美丽景观，同时还能从多方面改善城市环境质量，在一定程度上对日益恶化的城市生态环境起到缓解和医治作用。

2. 城市环境绿化的意义

1）发展城市环境绿化是建设生态宜居城市的需要。

根据《生态宜居城市科学评价标准》规定，生态宜居城市的绿化覆盖率应达到 35%，居民人均绿地拥有量不少于 10 平方米。在一年中，空气质量为良好的天数至少占全年总天数的 85%。然而，我国的很多城市长期以来一直深受雾霾、扬沙天气的影响，空气质量达标天数仅为全年天数的 24.2%，重度污染天数占全年天数的 21.2%（据环保部门 2013 年 6 月 31 发布的对京津冀、长三角、珠三角等 74 座大中型城市空气质量监测统计资料）。严峻的环境问题已成为制约建设美丽中国的主要障碍。环境绿化作为一种生态补偿方式，对缓解城市发展过程中的环境压力，以及实现建设天蓝、树绿、水清的美丽宜居城市具有重要作用。

2）城市环境绿化具有增加绿化面积，改善环境质量的作用。

2013 年，中国的城市绿化率已突破 50% 达到 52.6%，城市人口首次超过农村人口。随着人口大量向城市转移，城市将面临三大压力，即人口压力、生态压力和资源压力（其中包括土地资源）。当前城市土地供应紧张的情况已经十分凸显。在寸土寸金的城市中，人口、车辆越来越多，而可用于绿化的地面空间却越来越少，在一定程度上也加剧了城市生态环境的恶化。国际生态和环境组织调查指出：要使城市获得最佳的环境，人均占有绿地面积需达到 60 平方米以上。而统计表明，我国的很多大城市，如京津冀、长三角地区的城市人均绿地面积仅为 7.53 平方米。这些城市地价昂贵，建筑密度高，道路密集，高架路、立交桥纵横交错，城市内地面大多是硬质铺地，已经很难再建设地面绿化。如果能充分利用建筑物或构筑物的立面、顶面进行综合绿化，使城市绿化由平面走向立体，这不仅可以解决城市绿化用地紧张的问题，又可以提升城市的绿化覆盖率、有效改善城市环境质量（图 5-126）。

3）城市环境绿化具有缓解 “热岛效应”的作用。

随着工业化程度的日渐提升，城市成为各种加工制造业、服务业的聚集地。然而，城市中的建筑、工业设备、车辆以及空调等散发的热量导致城市区域的温度不断上升，同郊区相比形成了一座热岛。夏季，城市和郊区的温差最多可达 10℃。这种热岛效应对城市居民的生活质量和身体健康造成了巨大的影响。被誉为“自然空调”的城市绿化可以吸收都市中 80% 的剩余热量。据《北京城市绿化缓解城市热岛效应的研究》表明：城市绿化率达到 40%，气温降低的理论最高值为 2.6%，在夜间可达 2.8%。如果城市绿化覆盖率达到 60%，气温可降低 7℃，城市热岛效应基本被控制。所以，在城区大力发展环境绿化，提高城市绿化率对于缓解当前的“热岛效应”具有重要意义。

4）环境绿化可以减少灰尘、雾霾，提升城市居民的健康水平。

由于人们生活水平的不断提高，汽车已经成为一种普及性的交通工具。据统计，我国目前有各类机动车超过 1.27 亿辆。随着车辆的大量使用，汽车尾气产生的一氧化碳、一氧化氮、二氧化硫、挥发性有机化合物等可吸入的有毒气体，长期飘浮在空气中，对人们的身体造成了极大的危害。如果这些废气物组合后进入身体，对人们的健康损害可能更大。中国工程院院士钟南山指出：PM2.5 每立方米增加 10 微克，呼吸系统的发病率就会增加 3.1%。要是灰霾从 25 微克增加到 200 微克，日均死亡率可能增加 11%。而绿色植物是天然的空气净化器，不仅能够过滤城市中的各种有毒、有害气体，而且还能够生产新鲜的氧气。据研究表明，1 平方米的绿化每年可过滤 2 千克的灰霾颗粒，吸收 1.6 千克的二氧化碳，0.03 千克的二氧化硫，产生 1.2 千克氧气，每天向空气中释放 60 ~ 90 万个负氧离子。另外，植物的生长介质还可以降低空气或雨水中的硝酸盐等有害物质，有利于形成健康、宜居的微环境。当前，大多数城市，尤其是北方城市的绿化率都很低，如果未来几年能达到50%，对于改善城市环境质量，进而提升市民的健康状况将大有裨益（图 5-127）。

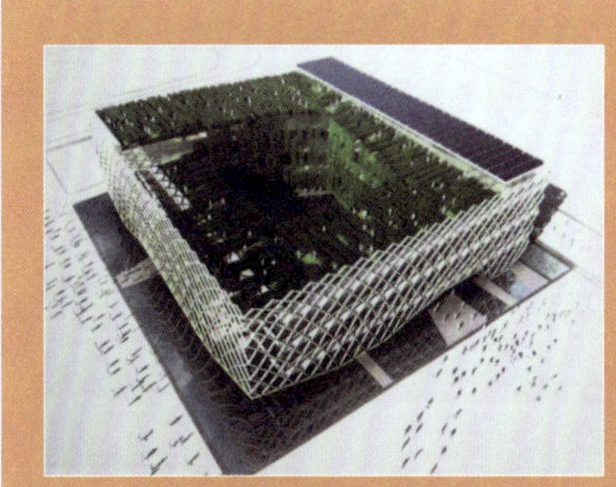

图 5-126 2010 上海世博会法国馆立体绿化

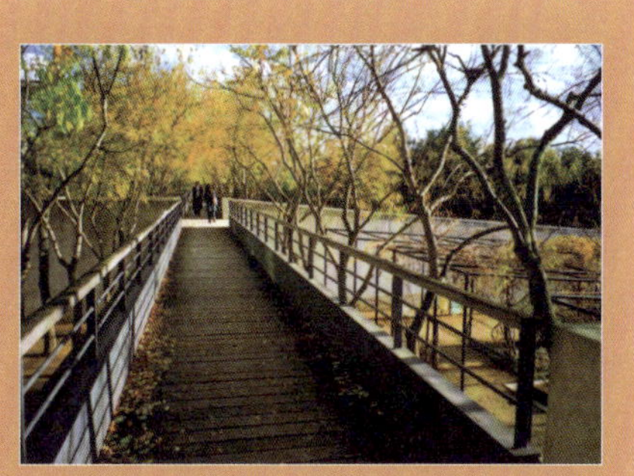

图 5-127 城市环境绿化

5）环境绿化是提升城市美誉度的有效方式。

现代城市学研究认为，影响当代城市发展的因素主要有两个：一是实力系统；二是魅力系统。实力系统是指城市的经济状况、硬件设施以及发展潜质等。魅力系统是指由环境绿化、公共艺术等营建的视觉感知环境。环境绿化作为城市景观的一种形式，对于提升城市空间美感具有重要作用。它可以最大限度地消除视觉污染，柔化构筑物，如供热烟筒、高架桥等硬环境，美化建筑立面，丰富城市色彩。使整个城市处于红花硕果、蓝天丛林之中。不仅能够增加城市的景观层次，充实城市的视觉美感，同时也能从整体上提升城市的美誉度（图 5-128）。

图 5-128 春华秋实的城市环境绿化

3. 影响城市环境绿化的因素

1）技术因素

环境绿化是一种具有技术含量的城市绿化形式，技术是决定绿化能否顺利实施的主要因素之一。影响城市综合绿化实施的主要技术包括：防腐、防水、排水、介质、灌溉以及植物的种植和支撑等问题。在发展城市绿化之前，必须对这些问题进行研究并提出解决方案。以屋顶花园为例，由于这种绿化形式离地面有一定的高度，植物无法从土壤中汲取水分，就需要人工灌溉给植物提供水分。但过多的水分积蓄在土层中又会对楼面造成侵蚀，必须进行适当的排水。所以，发展屋顶绿化首先需要解决绿化的灌溉、蓄水、排水以及屋面自身的防水、防渗、防漏等综合技术问题。否则，屋顶花园只能是镜中花水中月，无法变成现实。

2）地域因素

城市环境绿化不具有普适性，而是一种特殊的城市美化形式。由于每一地区的水文、土壤以及气候条件不同，发展环境绿化必须根植于地域特征，依据不同的地域特点选择适宜的植物品种，尤其是优先选择本土植物群落，才能保证绿化的存活率，进而提升城市的绿化率。如环渤海地区，这里的气候特点是干旱、少雨、多风、盐碱土质，要发展城市绿化就要综合考虑这些特点，选择耐干旱、耐盐碱、根系浅、低矮、抗风、易移植、生长缓慢的植物品种（图 5-129）。

图 5-129 适宜环渤海地区的植物

3）维护因素

建设、管理与养护是事关城市环境绿化能否可持续发展的决定因素。要保障城市绿化的持续健康发展，就必须依据各城市的具体情况，从绿化的引入机制、法律法规、融资渠道、利益分配、日常管理等方面探索一条有益于发展绿化的建设模式及管理方法，才能实现城市环境绿化的可持续发展。

第六节 城市色彩要素

一座城市的美是由形美、色美、材质美三种要素共同构成的。形、色、质因此也就成为组成城市艺术的主要元素。然而，由于视觉规律所致，在形、色、质三者的感知方面，人们对色彩的感觉是最为敏感的。现代心理学研究发现，在“形”与“色”中，人们对色彩的敏感度为 80%，对形的敏感度只有 20%。所以，色彩是影响感官的第一要素。

相同的城市，由于色彩的不同会使人产生或华丽，或朴素，或典雅，或秀丽，或鲜明，或热烈的不同情感体验，从而带给人以喜庆、欢乐、舒适的感受。反之，因色彩的不和谐，城市也会带给人一种或忧郁，或沉闷，或冷漠，或孤独的感觉，让人顿生厌恶甚至逃离。所以，美国当代视觉艺术心理学家克劳因·布鲁莫说：“色彩能唤起各种情绪，表达情感，甚至影响我们正常的心理感受。”阿恩海姆也认为：“色彩能够表达情感，这是一个无可争辩的事实。”所以，芒夫汀在《美化与装饰》中论述关于色彩在城市中的作用时提出：“色彩是装饰城市最有效的方法之一，也是我们描述一座城市装饰效果的主要因素。”

1. 色彩基本理论

1）色彩的三种属性

（1）色相：色相简单地说就是色彩的相貌。阳光通过棱镜会形成七种可见色光，即红、橙、黄、绿、青、蓝、紫，这就是色彩的基本相貌。实际上，色相是指一种颜色在色相环上所处的位置（图 5-130）。

（2）明度：指色彩的明亮程度，用来描述一种颜色的深浅程度。

（3）纯度：又称饱和度或彩度，是指颜色的鲜艳程度或纯净程度。

在无彩色系中，最亮的是白色，最暗的是黑色。

在有彩色系中，黄色明度最强，而紫色最弱。

同一色相存在不同的明度变化，如海军蓝、品蓝、淡蓝等（图 5-131）。

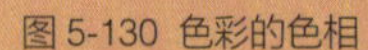

图 5-130 色彩的色相

图 5-131 色彩的明度

2）色彩的三种元素

（1）固有色：就是物体的原色。严格来讲，所谓物体的原色，取决于物体表面色与照射于物体的光线。因为实际上，物体的颜色都是在光线的照射、影响下产生的。

（2）环境色：是物体所处环境的颜色。如一栋建筑处在一个红花绿树的包围之中，红花绿树就是建筑的环境色（图 5-132）。

（3）光源色：这里所说的光源色，是指发光物体，如太阳、电灯、火等光线的颜色。宇宙万物因各种强弱和方向不同的光线而产生不同的色彩，而照射过来的光线会因为其颜色的差异而影响受光物体的色彩变化。以阳光为例，早晨的光线较暗，色调偏蓝；中午的光线强，色调偏白；下午的光线较暖，色调偏黄。由于光源色变化不一，接受光线的城市环境色调也会给人以不同的感受（图 5-133）。

3）色彩的感觉

色彩的感觉虽属于心理学范畴，但它的适用性在城市艺术设计上依然很重要，若不能预测人如何感知色彩以及不同色彩对人产生的作用如何，就无法有效地利用色彩来引导或改善人的心理感受。因为色彩与人的情绪有着微妙的联系，所以，利

图 5-132 四季湖景

图 5-133 莫奈画，不同光线下的巴黎圣母院

用不同的色调进行城市环境设计会带给人不同的心理感受。凭感觉和经验，人们一般认为：

红色是一种亢奋的颜色，代表热情、奔放、喜悦、庆典，有刺激效果，能使人产生冲动，充满愤怒、热情和活力。

绿色介于冷暖两色之间，代表植物、生命、生机，有和睦、宁静、健康、安全的感觉。它和金黄、淡白搭配，可以产生优雅、舒适的气氛。

黄色是一种华丽的颜色，代表高贵、富有，具有快乐、希望、智慧和轻快的个性，它的明度最高（图 5-134）。

蓝色是一种虚怀若谷的颜色，代表天空、大海，是最具凉爽、清新、深沉的色彩。它和白色混合，产生淡雅、浪漫的气氛（图 5-135）。

棕色是一种厚重的颜色，代表土地，给人以稳重、高雅的感受。

白色是一种纯净的色彩，代表纯洁、简单，给人清白、明快、纯真的感受。

黑色是一种庄重的颜色，代表严肃、夜晚、沉着，给人深沉、神秘、寂静、悲哀、压抑的感受。

橙色也是一种激奋的色彩，具有轻快、欢欣、热烈、温馨、时尚的效果（图 5-136）。

图 5-134 黄色调的城市环境

图 5-135 蓝色调的城市环境

图 5-136 橙色的城市环境

灰色是一种包容性的色彩，代表谦虚、礼让，给人中庸、平凡、温和、中立和文雅的感觉。

紫色是一种神秘的颜色，象征高贵、奢华、优雅，但也象征着阴险、阴暗、悲哀等。

另外，有些色彩给人的感觉是双重的。比如黑色，有时给人沉默、空虚的感觉，但有时也表示庄严、肃穆。白色有时给人无尽的希望，但有时也给人一种恐惧和悲哀的感受。每种色彩在纯度、明度上略微变化，就会让人产生不同的心理感受。

4）色彩的心理

（1）色彩与年龄。

实验心理学研究表明，人类随着年龄的增长对色彩的感知也会发生一些微妙的变化。有人做过统计，儿童大都喜欢鲜艳的颜色，红和黄就是一般婴儿的偏好。四岁至九岁的儿童最爱红色，九岁以上的儿童最爱绿色。如果要求七至十五岁的小学生把黑、白、红、蓝、黄、绿六种颜色按喜好的程度依次列出的话，男生平均次第为绿、红、蓝、黄、黑、白；女生的平均次第为绿、红、白、蓝、黄、黑。绿与红为共同喜爱的颜色，这也就是为什么幼儿园、中小学校园、妇幼保健机构和青少年活动中心的建筑及其室内均要设计丰富色彩的原因了（图 5-137，图 5-138）。

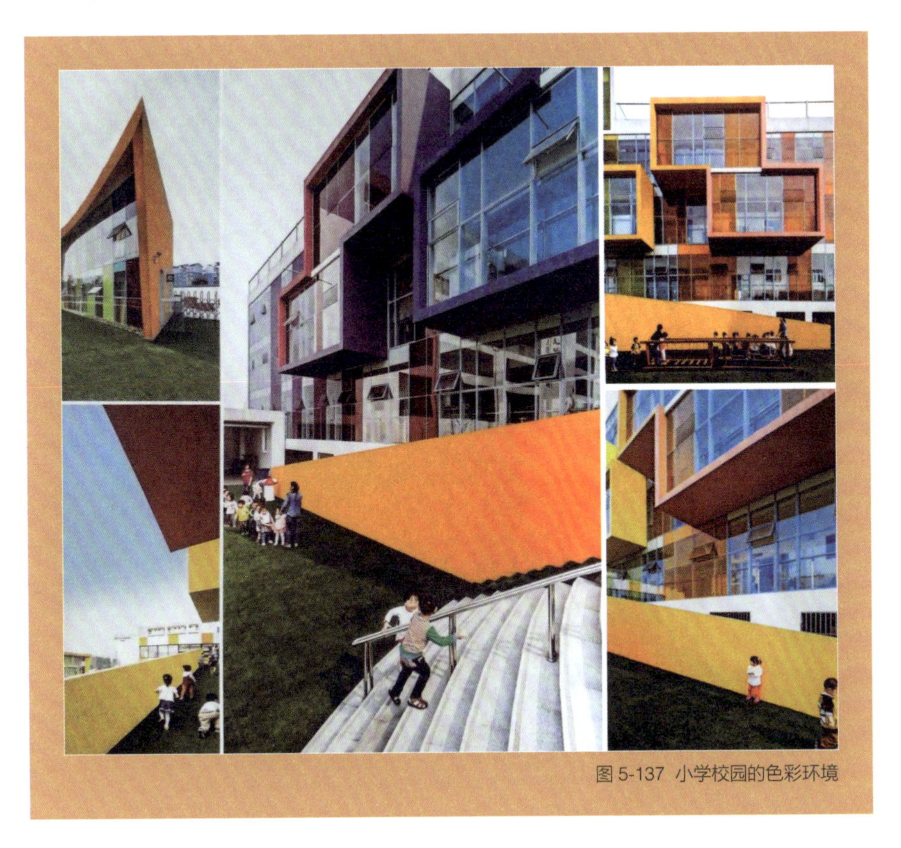

图 5-137 小学校园的色彩环境

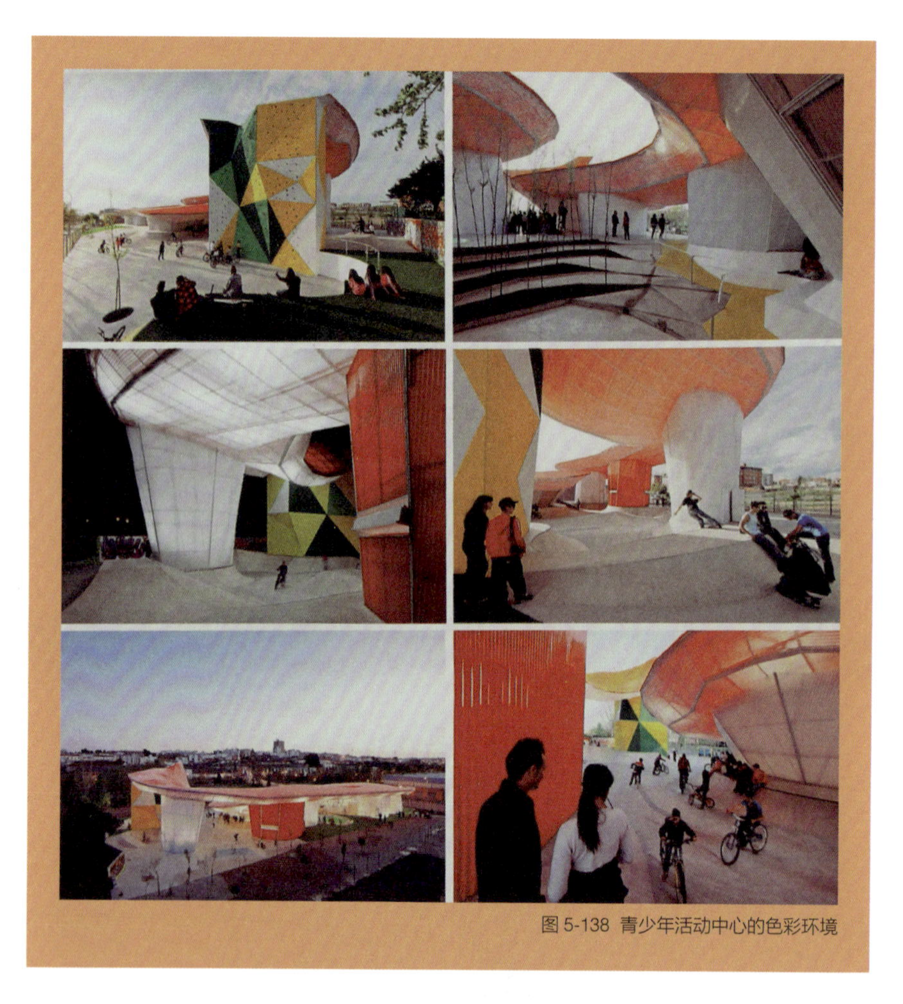

图 5-138 青少年活动中心的色彩环境

婴幼儿时期的颜色偏爱可以说完全是由生理作用引起的。随着年龄的增长联想的作用会渗入进来，生活在乡村的儿童较爱青绿色，部分原因就是青绿色和植物最接近。女孩比男孩偏爱白色，由于白色易产生清洁的联想。到青年和老年时由于生活经验的丰富，色彩的偏爱来自联想就更多了。

（2）色彩心理与地域。

各个国家和民族由于文化背景、地理环境以及生活习惯的不同，对色彩的偏好也是不同的。中国人偏爱黄色和红色。黄色在中国封建社会是帝王的专用色，这是与中国传统的五行文化有关（图 5-139）。五行代表五个方位，这五个方位又各代表一色。黄色位于中间，代表帝王，所以，黄色就成为历代皇家专用色。红色在中国代表热烈、吉祥，是中国最为常用的一种喜庆色彩，无论是王侯将相还是庶民百姓，无论是宫殿庙宇或是庶人宅邸均可看到红色（图 5-140）。地理环境对人的色彩偏好也有着重要的影响。例如位于地中海沿岸的希腊、意大利等国，自然环境优美，蓝天、碧海、绿树、沙滩是环境的主色调，为了与这种环境色形成对比，在建筑和城市中他们更喜欢运用红、黄等暖色（图 5-141）。另外，气候对一个国家和地区人们的色彩审美倾向的影响也是非常重要的。位于寒冷地区的人们每年有很长一段时间生活在缺乏色彩的环境之中，甚至常年与冰雪为伴，为了祛除寒意，便会利用色彩联想来获得情感上的满足。这就使得高寒地区的人们更喜爱诸如红色、土黄、棕色以及褐色之类的暖色调。这一偏好自然也影响了他们对城市色彩的选择，如俄罗斯以及北欧等国的城市色彩多以红褐色为主（图 5-142，图 5-143）。

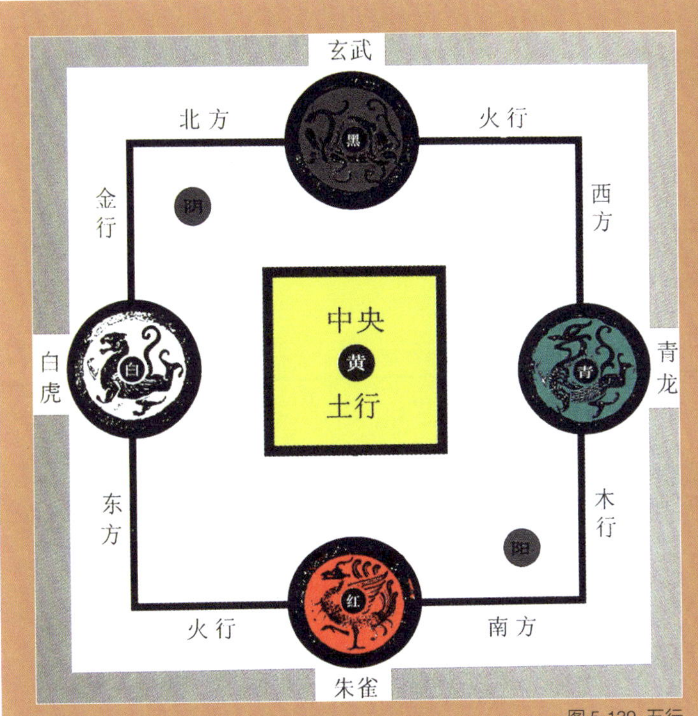

图 5-139 五行

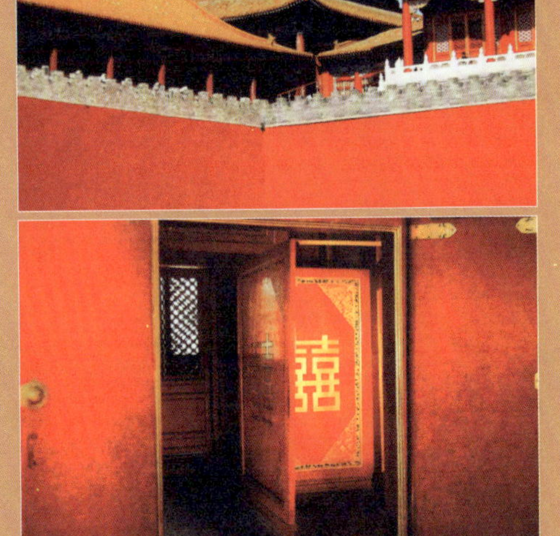
图 5-140 建筑中的红色调

图 5-141 地中海国家的城市色彩

图 5-142 莫斯科的城市色彩

图 5-143 适合较寒冷地区的建筑色彩

（3）色彩心理与社会心理。

不同时代由于社会制度、经济水平以及生活方式的不同，人们的审美意识、审美情节、审美感受也是不同的。色彩心理会随时代的变化而变化，例如在古典时代认为不和谐的配色，在现代社会可能就会被认为是新颖的、美的配色。一个时期的色彩审美心理受社会心理的影响很大。所谓“流行色” 就是社会心理的产物。当一些色彩被赋予时代精神的象征意义，符合人们的认识、理想、兴趣、爱好和欲望时，那么这些具有特殊感受力的色彩就会流行开来。但是，受审美疲劳的影响，人们又普遍存在一种视觉互补心理或者称作视觉逆反心理。即当一种色调在长期流行以后，就会产生对该色彩的淡漠感或厌恶感，进而追求与此相反的色彩来满足心理需求。例如：长期流行红色调后，人们会追求绿、橙色调；长期流行浅色调后人们会追求深色调；长期流行鲜明色调后人们会追求沉着的色调；长期流行暖色调后人们会追求冷色调等。

（4）色彩心理的个人差异。

对色彩的喜好不仅因年龄、性别、种族、地区而异，就同一年龄、性别、种族、地区的人也会因性格、气质、生活境遇的不同而有所差别。“绿肥红瘦”、“怡红快绿”、“红衰翠减”这是古代诗人在不同生活境遇中通过色彩对不同情绪或心理感受的传达。就现代人而言，生活在城市中，尤其是居住于繁华闹市的居民，更倾向于喜爱浅色、灰色等简洁、明快的环境色调；而生活在偏远地区，远离繁华之地的人则倾向于热爱灯红酒绿的热烈色彩。受过高等教育、文化层次较高且工作、生活压力大的人群，更喜欢色彩淡雅的环境；而文化层次较低或工作、生活压力较小的人群则更喜爱相对欢快、浓重的环境色调。

5）色彩的搭配

19 世纪德国美学家谢林说：“个别的美是不存在的，唯有整体才是美的”。色彩也是如此，单一色彩并不存在美丑的问题，它总是存在于与其他色彩的对比之中。正如人穿着衣服的颜色总要与人的肤色和环境相适应一样。色彩的美是在色与色相互组合、相互搭配的关系中体现出来的。色彩的搭配在一定意义上就像音乐的曲谱：1、2、3、4、5、6、7 七个音符可以谱成各种悦耳、动听的乐曲。同样红、橙、黄、绿、青、蓝、紫七种颜色也可以构成千姿百态、丰富多彩的城市色调。然而，并不是所有的声音和色彩的搭配都会给人以美感。没有节奏和韵律的声音可能是“噪音”。同样，不和谐的环境色彩也只能给视觉带来污染。花是有颜色的、是美的，但颜色并不等于花，也不等于美。所以，美必须要经过精心的组织与悉心的调和才能达到令人愉悦的效果。

（1）色相搭配。

两种色彩放在一起，会产生相互反衬的对比效应，各自走向自己的极端。例如红色与绿色对比，红的更红，绿的更绿；黑色与白色对比，黑的更黑，白的更白。这是因为人的眼睛存在“视觉残像”现象。当要产生鲜明、强烈的对比效果时，可以利用补色的“残像”原理，使色彩双方得以互增互补。比如在绿色底上的红色、橙色就比在黄色底上的感觉更强、更鲜艳。当要寻求安定、平静的色调时，可以在每种色彩中混入少量补色，以降低对比的强度。另外，还可以利用近似明度、色相关系，排除“残像”效应，将近似色同化、融合成一组和谐的色彩（图 5-144）。

（2）明度搭配。

明度分为高明度、中明度、低明度及明暗对比。暗色和高亮色搭配会给人清晰、强烈的刺激，如深黄和亮黄色。暗色搭配高纯色，会给人沉着、稳重、深沉的感觉，如深红和大红。中性色与低明度的对比会给人模糊、朦胧、深奥的感觉，如草绿和浅灰。纯色与高亮度色搭配会给人跳跃舞动的感觉，如黄色与白色。纯色与低亮度色搭配会给人轻柔、欢快的感觉，如浅蓝色与白色。纯色与暗色的对比会带给人一种强硬、决绝、不可改变的感觉。同一个灰色块，置于高明度的城市背景时会显得较暗，置于低明度的城市背景时就会感到比原来要亮些（图 5-145）。

（3）纯度搭配。

纯度分为高纯度、中纯度、低纯度。纯色之间的对比给人的视觉刺激最强烈，使色彩的效果更明确肯定。例如红、黄、蓝就是最极端的颜色，这三种颜色之间的对比，哪一种色也无法影响对方。而非纯色对比出来的效果就显得很柔和。黄色是夺目的色，但是加入灰色就会失去其夺目的光彩，通常可以混入黑、白、灰色来降低纯度（图 5-146）。

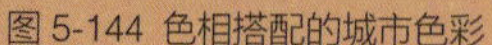

图 5-144 色相搭配的城市色彩

图 5-145 明度搭配的城市色彩

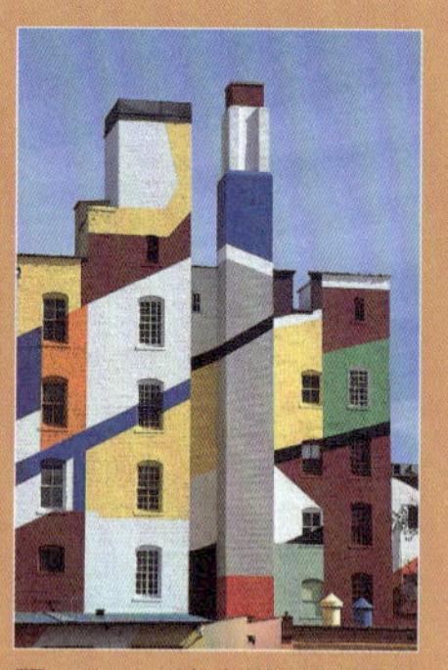

图 5-146 纯度搭配的城市色彩

（4）整体色调。

城市色彩给观者的感受是由全体配色效果决定的，城市环境是稳定的、寂寞的、温暖的或是激情四射的，由整体的色调而定，取决于配色的色相、明度、纯度的关系和色彩面积大小的关系。要取得城市色彩的稳定，首先要确定配色中占据最大面积的色彩比例，它决定着一座城市或街区的主色调。通常主色调在城市中的比重可以达到 60% ~ 70%，以起到统领作用。如果主色调比例低于 30%，城市色调就会显得混乱。其次是要有多样化的辅助色和点缀色，如行人、交通工具的色彩，这二者虽不具有定调作用，但对于活化城市环境，提升城市魅力则具有不可小觑的作用（图 5-147，5-148）。

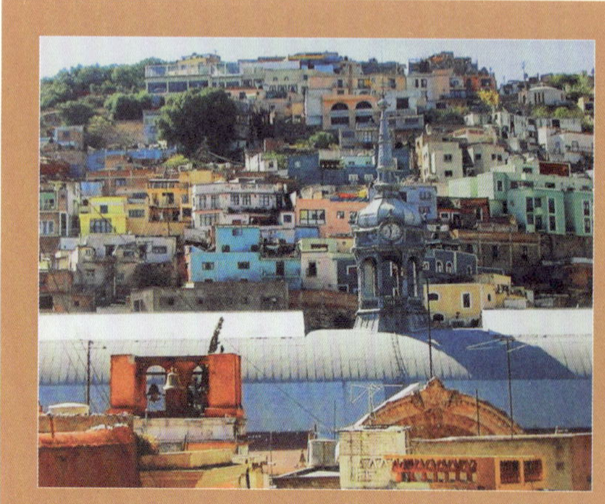

图 5-147 色彩杂乱的城市色调

图 5-148 色彩统一的城市色调

6）城市色彩的美学法则

城市色彩的美学法则实质上就是色彩的布局形式以及色彩在城市环境或建筑空间中的构图法则。色彩的对比与协调是城市色彩布局的基本原则。表现城市色彩的多样变化主要依靠色彩的对比，而变化多样的统一则要依靠色彩的调和。色彩的对比与调和在城市空间中的一般应用法则如下。

（1）色彩的均衡。

色彩均衡的原理与力学上的杠杆原理颇为相似。在色彩构图时各种色块的布局应以画面中心为基准向上下、左右或对角线做力量相等的配置。

色彩均衡并不是各种色彩的占据量，包括面积、明度、纯度、强弱的配置平均分配，是依据设计的要求取得视觉或心理上的均衡。

（2）色彩的呼应。

任何城市色彩在布局时都不应孤立出现，需要同其他色彩在前后、上下、左右等方面形成呼应关系。呼应的方法有两种。

① 局部呼应。

当在黑色底上点红点时，这个红点被大面积的黑色包围，有被吞噬的危险，给人以窒息感。若增加红点的数量，这种布局就会迅速被打破，当增加到一定数量时红点不再孤立，这就是同种色彩在空间距离上呼应的结果（图 5-149）。

图 5-149
城市色彩的呼应

② 全局呼应。

色彩的全局呼应方法是各种色彩混入同一种色相的颜色，从而产生一种内在的联系，它是构成主色调的重要方法。

（3）色彩的主从。

城市色彩的搭配应根据环境要求分出主宾。主色和宾色是一对主从关系。主色一般用在主体部分，占据面积大，能对整个城市和街区的整体色调起到统摄作用。宾色是处于从属地位的色彩，面积较主色小。在色彩的选择方面，主色一般应以对比鲜艳的颜色为主，宾色以调和色为主。但由于二者是相对而言的，如果主色是调和色，宾色就应以纯色为主，以形成对比，不能随心所欲。就如苏轼所云：“欲把西湖比西子，浓妆淡抹总相宜”。

（4）点缀色。

城市色彩中的点缀色包括两种：一是建筑物中面积较小，仅起装饰作用的色彩，如窗口、檐口等部位的色彩；二是城市环境中的公共艺术、环境设施或交通工具等。点缀色虽然面积小，但在城市中往往起到画龙点睛、调节环境的作用。点缀色的应用能达到一种“平中见奇、常中见险、朴中见色” 的意外效果。例如，一片沉闷或平淡的色调中点缀少量的对比色，犹如一石激起千层浪，能使沉闷的环境顿时有了生气（图 5-150）。

图 5-150 城市环境中的点缀色

7）城市色彩的设计原则

城市色彩是一个由环境色、主体色、辅助色以及点缀色等多种不同色相的色彩组成的系统整体。这些不同色相、面积、比例的色彩元素要在城市环境中取得和谐统一，并产生美感就必须遵循一定的章法和原则。切不可随意乱用，更不可过度追求标新立异或自我陶醉，否则会让城市在视觉上变得凌乱、烦躁。所以，城市色彩的施行需要谨慎，在设计时须遵循以下几个方面的原则。

（1）在同一城市街区或建筑物上的色彩种类（色相）应加以限制。3 种为宜，最多不超过5种。因为过多的色彩同时进入人们的视觉感知系统，不仅会带来辨别色彩的难度，同时也容易造成视觉混乱感。

（2）在城市环境中，要根据建筑物（或构筑物）的重要性来选择颜色，对于重要的对象应该选取醒目或对比强的颜色，而非重要性物体则可以选用低明度或低纯度的色彩。

（3）一个区域中各种颜色设计应该一致，尤其是新建成街区，色彩应尽量统一。老城区或历史街区则不受这一原则限制，可以保留色彩的多样性特色，因为通过丰富的色彩可以窥见城市发展的历史痕迹。

（4）色彩的选择应尽可能遵循符合人们的视觉习惯以及地域特征。如高寒地区的城市主体色、辅助色和点缀色尽可能选用暖色；热带、亚热带地区的城市主色调应以淡雅的颜色为主，以满足人们的心理需求。

（5）城市的背景色一般选用饱和度低的浅色，如含灰色浅绛、乳白、淡蓝等。这些色彩对人眼不敏感，对于大面积的区域或背景来说比较合适；但绿色不宜作为建筑的主体色，一方面因为绿色与其他颜色难以调和，另一方面在光照充足的情况下，绿色受“补色残像”的影响，建筑立面上的辅助色或点缀色容易形成黑色或深色视觉残像。

（6）为了使色彩醒目和便于区分，城市的主体色、辅助色与点缀色在色相、明度、面积以及大小的比例上应有一定的区别，切勿同等对待。

具体做法可以参照表5-2所示。

表5-2 城市主题色、辅助色、背景色和点缀色

序号	1	2	3	4	5	6	7	8
主体色	白	黑	红	绿	蓝	青	紫	黄
背景色	蓝	白	黄	黑	白	蓝	黑	红
辅助色	黑	黄	白	蓝	青	黑	白	蓝
点缀色	红	红	黑	红	红	红	蓝	黑

推荐阅读：

1. 埃德蒙·培根，《城市设计》
2. 扬·盖尔，《交往与空间》
3. 凯文·林奇，《城市意象》
4. 凯文·林奇，《城市形态》
5. 勒·柯布西耶，《今日的装饰艺术》
6. 威尔弗利德·柯霍，《建筑风格学》
7. 克里斯托弗·亚历山大等，《建筑模式语言》
8.《中国建筑艺术史》

CITY ART DESIGN

第六章　城市艺术设计的原则

- 人文艺术、科学技术与人的行为相统一的原则
- 健康、宜居、友好相协调的原则
- 生态、绿色、可持续发展的原则

194 → 203

第一节 人文艺术、科学技术与人的行为相统一的原则

随着城市艺术设计所涉及领域的不断延伸以及所面临问题的日趋复杂，城市艺术需要解决的问题也不再是一般意义上的城市或艺术本身的问题，特别是在当代科学、技术、艺术、经济与社会呈现出愈加综合化的背景下，许多城市问题的最终完成所需的知识范畴也已经超越单一学科知识和专业技能所能控制的范畴（例如城市艺术设计所涉及的知识范围不仅包括建筑、规划和环境设计等基本的专业技能，同时还需要哲学、美学、文学、生态学、地理学、心理学、物理学、植物学等相关知识的支撑）。在复杂的、盘根错节的问题面前，狭窄的知识结构和狭隘的专业化技能已显得软弱无力。诸多城市艺术问题的解决需要借助多学科，尤其是要综合自然科学、人文科学和社会科学的知识。这就需要强调洞察关系、突破障碍，跨越学科界限，摒弃传统城市建设的思维和模式，将科学与艺术，逻辑与形象，直觉与灵感相结合，充分发挥彼此之间相互补充、相互促进的作用。通过对各种形式的兼容并蓄、融会贯通，才能创建一个宜观、宜居的魅力城市。清华大学吴良镛院士在《人居环境科学》中曾倡导人居环境须走“大科学 + 大人文 + 大艺术”的建设模式。城市艺术设计作为城市人居环境科学的具体形式，在建设过程中同样也要遵循这一模式，将科学、人文和艺术融为一体。

城市艺术设计从概念到实现除了受科学、人文、艺术三个方面因素的影响外，同时还深受另一个因素——人的影响与制约，即城市艺术是科学、人文、艺术和人的思想行为的综合体。在这四者关系中人文、艺术、科学技术是客观因素，人的行为是主观因素。它们之间各有所长，又有不足。其中，人文、艺术为城市提供情趣、审美和心理关怀。科学技术为城市提供技术支撑和生理关怀。但人文、艺术学科往往强调城市的形式问题和文化属性，容易陷入一种坐而论道或玩弄诡异形式的窘境。自然学科侧重于城市建设的技术和方法探索，较少思考人文需求，往往会使城市缺乏审美情趣和人情味。真正的宜居城市并不是单纯依靠艺术或技术就可以实现的，而是艺术与技术、人文与科学的统一。

人的思想行为作为一种主观因素，在这四个方面往往具有决定性作用。面对当前“千城一面”的城市形象，国家发改委城市和小城镇改革发展中心副主任乔润令曾指出：“城市建筑长成什么样，市长说了算，开发商说了算，建筑师只能算说了”。甚至有学者引申沙利宁的话戏谑当前的这种现象：“让我看看你的城市，我就能说出这个城市的市长的文化品位是什么”。这些言论犀利地批判了目前城市建设中存在的人治现象以及领导个人思维对城市发展建设的决定性作用。从当代城市缺乏特色、美感消除的事实来看，并不是城市没有特色，而是受人的制约过多，盲目跟从、缺乏自信，城市自身的生长肌理以及设计师和广大市民的创造性才会受到抑制。人的行为是造成“千城一面”的根源，解铃还须系铃人，城市能否实现可居、可观、

可游的优雅环境最终还是依赖于人的因素。如果整个社会在人文、艺术方面的意识普遍缺乏或认识不足，可观、可居就很难实现。如果民众的人文艺术意识普遍觉醒并广泛参与，就有助于加速城市艺术的实现。因此，只有提升人们的科学、人文、艺术意识，遵从城市发展规律，摒弃个人主义表现欲望，减少不必要的干涉行为，可居、可观、可游的魅力城市才能真正实现。所以，人文、艺术、科学技术与人的行为之间相互协调、协同发展是实现美好城市的前提和基础，偏执任何一方都不是真正意义上“可居、可观、可游”的城市。

第二节 健康、宜居、友好相协调的原则

城市艺术设计的目的是为生活在城市中的人们提供一个健康、宜居、友好的生活环境。而健康作为城市艺术设计的重要原则，要求从城市的整体规划到细部建设再到经营管理等各方面都要遵循以人的健康为中心这一原则，使生活在这里的人们能够有条件享受到优雅的环境、优美的艺术和愉悦的心情。健康的城市是一个城市的建设者与参与者共同缔造的综合体，需要两方面的相互协调。一是城市的管理者和设计者要为市民提供一个有利于提高居民参与意识的宽松、自由的文化与艺术环境。例如通过公共艺术的实施让公众艺术公众参与，并大力发展城市综合绿化、积极改善人们的居住环境，还可以通过建设屋顶花园、垂直绿化以及道路绿化等创造一个天蓝、树绿、水清的生活环境。二是市民要不断提升审美意识和道德水准，来共同促进城市的健康发展。

宜居是城市艺术设计的核心内容。城市艺术的一切行为都是为创造宜居环境服务的。长期以来，城市的宜居性一直是人们的梦想。早在20世纪30年代的《雅典宪章》和70年代的《马丘比丘宪章》中，国际建筑协会就提出了“宜居”的理念。《雅典宪章》提出：居住是城市的首要功能，城市是市民生活的空间，城市规划和建设应站在市民生活的立场进行。要把满足市民的生理、心理需求与社会、政治、经济条件结合起来，建设一个人本主义的城市。《马丘比丘宪章》提出要通过城市规划、建筑设计，协调“人—建筑—城市—自然”之间的关系，在城市这个最大的人工环境中建设一个能与自然协调发展、相得益彰的“宜人化”生存空间。20世纪90年代，在联合国第二次人居大会上“宜居城市”的概念被正式提出，并很快获得国际共识。中国城市科学研究会副秘书长任致远认为城市的宜居性应体现在“易居、逸居、康居和安居”八个字上。即城市生活要方便、安逸、健康、稳定。俞孔坚先生进一步指出宜居的城市必须符合两大条件：其一是自然条件，即城市要有新鲜的空气、洁净的水源、安全的公共空间以及人们生活所需的、充足的设施；其二是人文条件，宜居的城市应该是人性化的城市、平民的城市、充满人情味和文化味的城市，让人有一种归属感，觉得自己就是这座城市的主人，这个城市就是自己的家。城市艺术

设计通过公共艺术、环境设施、综合绿化以及城市色彩等方面的实施为创造一个宜居的城市提供了必要的条件和完善的内容。

友好也是城市艺术设计的主要原则之一。城市的友好分为两个方面：一是环境的友好；二是人性的友好。环境的友好是 1992 年联合国在里约热内卢召开的“世界环境与发展大会”中被首次提出的。它是指在城市生态系统的承载能力范畴内，运用人类生态学的原理和系统工程方法，改变人的生活习惯和生产方式以便建立与环境的良性互动，并以遵循自然规律为基础，倡导环境文化和生态文明，构建经济、社会、环境协调发展的社会体系，以此为人们提供一个稳定、安康、舒适的都市生活环境。城市的人性友好就是要通过城市艺术设计为生活在城市中的所有居民包括正常人士、残障人士以及老弱妇孺等人群创造一个“平等参与”的环境。例如在城市环境中建立具有个性化的盲道、盲文、警示信号、提示音响以及易于辨别的标识等。没有歧视，并能在细微之处默默地传递着对特殊人群在生理和心理上关怀的城市才是友好的城市。

第三节 生态、绿色、可持续发展的原则

随着人们生态意识的觉醒，生态、绿色与可持续发展设计已经成为整个社会的共识，并在城市、建筑、景观以及室内等设计领域取得了很大的进展。在城市艺术设计中要实现生态、绿色与可持续发展可以通过以下三种途径。

1. 建立生态补偿机制

生态补偿是指“有意识地考虑使设计过程和设计结果对自然环境的破坏和影响可能减少的设计方法和设计措施[1]”。在长期的发展进化过程中，生物已经适应了某种特定的生长环境，并与环境形成一种默契。一旦有外力介入并强行改变这一默契，生物原本的生存状态和生长规律就会改变，其结果有可能导致物种衰退或生态失衡。正如《考工记》所言，“鸜鹆不逾济，貉逾汶则死[2]”。为了使生物恢复原始的生存状态，就需要减少人为干扰，最大限度地让自然做功，以此来实现对生态的补偿性发展。

人的设计行为对自然界的干扰有正负之分。尊重自然、顺应自然，遵循生产与生态协调的设计是一种正干扰。这种干扰并不会给自然环境带来危害。相反，如果

---

1 周曦，李湛东编著，生态设计新论，南京：东南大学出版社，2003：20.
2 十三经译注，周礼，上海：上海古籍出版社，2004：600.

为了一己之私，沉溺于物欲享受，淡化生态意识，就会对自然产生负干扰。从现代设计的发展来看，人们的设计行为对自然鲜有所谓好的影响，更多的是负干扰。所以，从维护生态平衡，促进社会可持续发展的角度来说，将人的行为对自然环境的干扰降至最低程度，尽可能保持原有的生态群落，使自然系统获得有机更新和循环再生的能力，是实现生态补偿的有效方式。如天津的“桥园公园”和杭州的“江洋畈生态公园”（图 6-1，图 6-2），在景观规划上设计师没有采用太多人工干预的手法，而是因地制宜、因势利导地利用原有的地形和植被，让各种野花、野草在园内自由生长。人为的设计只是搭建了一些伸向水面的木制平台或隐藏在野草之中蜿蜒曲折的栈道。这种对场地干预最小化和让自然做功最大化的设计，实质上就是一种生态补偿。它不仅体现了对自然的尊重以及让自然优先的思想，同时也降低了对资源、能源的消耗，促进了城市艺术的可持续发展。

图 6-1 天津桥园公园

图 6-2 杭州江洋畈生态公园

2. 探索多层次技术体系的协同发展

工业文明最大的特征是科技高度发达。科学和技术结合在一起，曾赋予人类以巨大的力量。然而，从其对生态产生的众多影响来看，这种力量已经失控[3]。从当前影响城市可持续发展的诸多因素来看，超级建筑[4]是其中之一。在当代科技力量的支撑下，人们竭力地挑战着建筑的极限。城市中的楼越建越高、越建越豪华，形态也越来越光怪陆离，尤其是各种地标性建筑，如上海环球金融中心、央视大楼，以及各地方兴未艾的文化中心、艺术中心等。这些风光无限的超级建筑的确令人折服，也让人叹为观止。但在这风光的背后，付出的却是沉重的资源和能源代价[5]。

---

3 [美] 霍尔姆斯·罗尔斯顿著，刘耳，叶平译，哲学走向荒野，长春：吉林人民出版社，2001：91.

4 超级建筑是指超高或超奢华、超能耗的建筑。

5 2006 年中国 GDP 总量大约占世界 GDP 总量的 5.5%，但是，为此的能源消耗达到了 20 亿吨标准石油，大约占世界能源消耗的 15%。另据法国开发署（AFD）研究，1990—2005 年间中国的 GDP 平均增长率为 10.1%，但能源消耗的增长率却为 30%。

相关研究表明，建筑能耗与其复杂程度是呈几何倍数递增的。为解决建筑的通风、采光、保温、降温以及防火、清洁等问题，形态怪异的建筑能耗要比普通建筑高出 10%。例如投资 11.4 亿元的上海东方艺术中心，是国内设备最先进、装饰最豪华的文化中心之一。外部由 4700 块玻璃幕墙围合，内部镶嵌着 15.8 万片陶瓷挂片和 7800 套灯组。为保持剧院的正常运转，仅维护费用一项平均每天就高达 9 万元。

当然，借助科技力量追求建筑的标新立异虽然在擢升城市艺术魅力、提升城市关注度、激发市民热情方面具有积极作用，但它不应成为当代城市建设的趋势或潮流。否则，不仅会增加城市整体能耗、降低城市可持续发展的潜力，而且，它的误导作用有可能将城市建设推向病态的深渊。为了创造具有可持续发展能力且符合生态要求的城市艺术，就需要在发展高技术的同时探索其他技术，如中、低技术，来减少高技术可能对城市发展造成的负面影响。

中技术和低技术是相对于当代高科技“主动式技术”而言的一种“被动式或半被动式技术”。它是强调通过巧借自然之力来最大限度地减少能源消耗的一种设计方式。例如，在没有主动式人工调节室内微环境技术之前，中国传统建筑因势利导地借助自然通风、采光等方式来调节建筑内部的冷暖与明暗，从而营造一种舒适的微环境（图 6-3）。这种借助自然的方式经过创造性地转化之后，如果运用到现代建筑之中，通过控制建筑物开窗的大小、高度和位置，来获得合理的风量以及光通量，减少建筑对空调和人工照明等设备的依赖，至少可以节约 20% 的建筑总能耗。所以，在生态文明时代，积极探索中、低技术作为对高技术的有益补充，使二者之间协同发展、相得益彰，对于促进生态设计的实现以及城市的可持续发展必将起到事半功倍的效果。

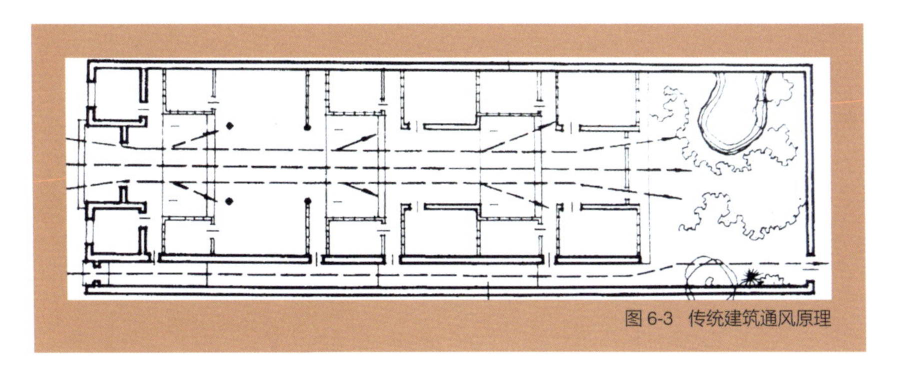

图 6-3 传统建筑通风原理

3. 建立系统生态设计观

当前的生态设计往往被当作一种修补性行为，即忽略设计活动在生产建设过程中可能对环境造成的破坏和影响，只在最后环节才考虑生态性。这种过程污染末端控制或先污染再治理的方法实质上是一种亡羊补牢式的纵向控制。对于严峻的生态环境问题而言，修补性的行为对环境的调节和恢复作用可谓是杯水车薪。众所周知，完整的城市艺术设计是一个由设计、制作、使用到废弃物回收、再利用等环节共同构成的系统整体。这个系统犹如一套结构缜密、组织有序的链条，任何一环的脱节都有可能导致整个系统的崩溃。所以，要实现城市艺术设计的生态性，就必须树立一种系统的观念，即将组成城市艺术的所有环节都纳入到整个系统之中，并以横向协作代替纵向控制的方式，通过综合施策、系统建设，使城市艺术设计从开始环节就注重符合“生态”的原则，生态设计的目标才能最终实现（图 6-4）。

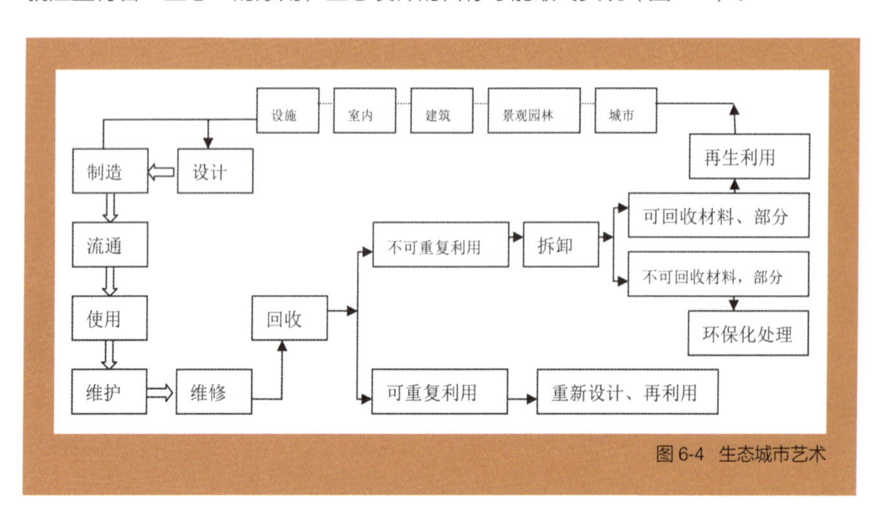

图 6-4　生态城市艺术

生态、绿色与可持续设计作为人们对城市中自然环境的补偿和发展的自我救赎，是实现人—经济—社会—环境可持续发展的必然选择。在一个一切以“发展”为核心的时代，要实现人—社会—环境的可持续发展，首先要摒弃工业化时代的城市发展模式，探索人与自然的和谐共处。在对待自然的态度上要学会用求索代替征服，用尊重取代统治，用共生化解对抗[6]。诚如爱因斯坦所说，“永久的和平不能依靠威胁，只能通过诚恳的努力创造共同信任关系来实现[7]”。

其次，要构建长远的发展观。人无远虑，必有近忧，明天的灾难往往是由今天的行为造成的。要实现城市艺术设计的可持续发展，人的活动就必须平衡与城市环境之间的关系。在过分追求速度、规模，强调人的短期利益的今天，亦要同时兼顾人的可持续发展的明天。

6 陈高明，和实生物——从“三才观探视中国古代系统设计思想”，天津大学博士论文，2011：25.

7 阿尔伯特·爱因斯坦著，方在庆等译，爱因斯坦晚年文集，海口：海南出版社，2000：169.

最后，要树立正确的城市艺术设计观。评判一种设计观念正确与否，不能只看它所取得的经济效益，还要探查它的环境效益，城市艺术设计必须做到“上下、内外、大小、远近皆无害”。因为人与自然的关系不存在单赢，只有共赢，所以，在设计过程中要明确树立有利于保持城市中自然环境的完整、稳定与美丽，以及有利于重建人与自然亲和友善关系的观念。只有观念正确了，才能促使人们幸福生存、永续发展的美好愿望从理想走向现实。

推荐阅读：

1. 理查德 · 瑞吉斯特，《生态城市》
2. 世界环境发展委员会，《我们共同的未来》
3. 比尔 · 麦克基本，《自然的终结》
4. 麦克哈格，《设计结合自然》

参考文献

［1］ 董雅 . 设计潜视界［M］. 北京：中国建筑工业出版社，2012.

［2］ 彭一刚 . 建筑空间组合论［M］. 北京：中国建筑工业出版社，2004.

［3］ 彭一刚 . 中国古典园林分析［M］. 北京：中国建筑工业出版社，2004.

［4］ 吴良镛 . 人居环境科学导论［M］. 北京：中国建筑工业出版社，2006.

［5］ 沈玉麟 . 外国城市建设史［M］. 北京：中国建筑工业出版社，1989.

［6］（苏）A.B. 布宁 . 城市建设艺术史：20 世纪资本主义国家的城市建设［M］. 黄海华，译 . 北京：中国建筑工业出版社，1992.

［7］（奥）卡米诺 · 西特 . 城市建设艺术［M］. 仲德崑，译 . 南京：东南大学出版社，1990.

［8］ 陈高明 . 和实生物——从“三才观”探视中国古代系统设计思想［D］. 天津大学，2011.

［9］ 陈镌，莫天伟 . 建筑细部设计［M］. 上海：同济大学出版社，2009.

［10］（美）刘易斯 · 芒福德 . 刘易斯 · 芒福德著作精粹［M］. 宋峻岭，译 . 北京：中国建筑工业出版社，2010.

［11］（美）刘易斯 · 芒福德 . 城市发展史——起源、演变和前景［M］. 宋俊岭，倪文彦，译 . 北京：中国建筑工业出版社，2008.

［12］（美）弗朗西斯 · D.K. 建筑：形式、空间和秩序［M］. 邹德侬，方千里，译 . 北京：中国建筑工业出版社，1987.

［13］（美）埃德蒙 · N. 培根 . 城市设计［M］. 黄富厢，朱琪，译 . 北京：中国建筑工业出版社，2003.

［14］（美）约翰 · M. 利维 . 现代城市规划［M］. 孙景秋，等，译 . 北京：中国建筑工业出版社，1998.

［15］（美）凯文 · 林奇 . 城市形态［M］. 林庆怡，等，译 . 北京：华夏出版社，2006.

［16］（丹）杨 · 盖尔 . 交往与空间［M］. 何人可，译 . 北京：中国建筑工业出版社，2002.

［17］（英）克里夫 · 芒福汀 . 美化与装饰［M］. 韩冬青，等，译 . 北京：中国建筑工业出版社，2004.

［18］（日）芦原义信 . 街道的美学［M］. 尹培桐，译 . 天津：百花文艺出版社，2007.

［19］（美）霍尔姆斯 · 罗尔斯顿 . 哲学走向荒野［M］. 刘耳，叶平，译 . 长春：吉林人民出版社，2001.

［20］（美）阿尔伯特 · 爱因斯坦 . 爱因斯坦晚年文集［M］. 方在庆，等，译 . 海口：海南出版社

［21］ 陈志华 . 外国建筑史［M］. 北京：中国建筑工业出版社，2003.

［22］ 程俊英 . 十三经译注译注［M］. 上海：上海古籍出版社，2004.

[23] 谢浩范，朱迎平 . 管子全译 [M] . 贵阳：贵州人民出版社，2008.

[24] 张觉 . 吴越春秋全译 [M] . 贵阳：贵州人民出版社，2008.

[25] 黄永堂 . 国语全译 [M] . 贵阳：贵州人民出版社，2009.

[26] 班固 . 汉书 [M] . 北京：中华书局，2005.

[27] 孟元老 . 东京梦华录 [M] . 王永宽，注释 . 郑州：中州古籍出版社，2010.

[28] 庄岳，王蔚 . 环境艺术简史 [M] . 北京：中国建筑工业出版社，2006.

[29] 中央美院美术史系中国美术史教研室 . 中国美术简史 [M] . 北京：高等教育出版社，1990.

[30] 中央美院美术史系外国美术史教研室 . 外国美术简史 [M] . 北京：高等教育出版社，1990.

[31] 张京祥 . 西方城市规划思想史纲 [M] . 南京：东南大学出版社，2007.

[32] 王建国 . 城市设计 [M] . 南京：东南大学出版社，2011.

[33] 吴家骅 . 环境设计史纲 [M] . 重庆：重庆大学出版社，2005.

[34] 俞孔坚，吉庆萍 . 国际“城市美化运动”之于中国的教训（上）——渊源、内涵与蔓延 [J] . 中国园林，2000，（1）.

[35] 邓庆尧 . 环境艺术设计 [M] . 济南：山东美术出版社，1995.

[36] 曹琦 . 人机工程学 [M] . 成都：四川科学技术出版社，1991.

[37] 周岚 . 城市空间美学 [M] . 南京：东南大学出版社，2001.

[38] 吴天谋 . 城市细部：设计原理与方法研究 [D] . 重庆大学，2002.

[39] 刘茵茵 . 公众艺术及模式 [M] . 上海：上海科学技术出版社，2003.

[40] 黄健敏 . 百分比艺术——美国环境艺术 [M] . 长春：吉林科学技术出版社，2002.

[41] 郗海飞 . 城市表情 [M] . 长沙：湖南美术出版社，2006.

[42] 于正伦 . 城市环境创造 [M] . 天津：天津大学出版社，2003.

[43] 李允鉌 . 华夏意匠 [M] . 天津：天津大学出版社，2005.

[44] 高阳 . 中国传统建筑装饰 [M] . 天津：百花文艺出版社，2009.

[45] 朱小平 . 中国建筑与装饰艺术 [M] . 天津：天津人民美术出版社，2003.

[46] 朱小平 . 外国建筑与装饰艺术 [M] . 天津：天津人民美术出版社，2003.

[47] 周曦，李湛东 . 生态设计新论 [M] . 南京：东南大学出版社，2003.

[48] 陈文捷 . 世界建筑艺术史 [M] . 长沙：湖南美术出版社，2004.

[49] 陈志华 . 外国古建筑十二讲 [M] . 北京：生活、读书、新知三联书店，2003.

[50] 楼庆西 . 中国古建筑十二讲 [M] . 北京：生活、读书、新知三联书店，2004.

[51] 崔唯 . 城市环境色彩规划与设计 [M] . 北京：中国建筑工业出版社，2006.

后记

2011 年 11 月，由天津大学董雅教授和天津凤凰空间文化传媒有限公司孙学良总经理共同策划的“道同形异，殊途同归——全国高等院校艺术设计基础教育创新教材研讨会”在天津大学召开。作为主办方，我参加了此次会议，并承担了其中部分教材的撰写任务。我在攻读博士期间主修的是建筑环境艺术设计专业，毕业后也一直从事这方面的教学工作，本想借这次机会，同时结合自己多年的心得体会写一部关于“城市细部”的教材。当把提纲拿给恩师董雅先生过目时，先生说“城市细部”这个概念太过宽泛，不宜写实，并审慎建议，能否从“艺术”介入 “城市”的角度，结合具体实例写一部有关“城市艺术设计”的教材。不仅因为“城市艺术设计”是当前城市建设领域的理论热点，而且它也是城市建设不可或缺的一部分。但遗憾的是有关城市艺术设计方面的教材却是凤毛麟角。依照先生提议，遂将题目改为《城市艺术设计》，开始重新收集资料，整理构思。由于系统介绍城市艺术设计的书籍较少，大多是只言片语，为了梳理出一个清晰的脉络，整日宅在图书馆和书房里，这个过程犹如十月怀胎一样，在历经近一年的静静孕育之后，这个小生命终于可以呱呱落地了。

城市艺术设计与城市设计和城市规划设计是当代城市建设三大理论体系，它们分别代表了城市建设的微观、中观和宏观层面。这三个层面的协同发展、相得益彰是构建功能完善、宜观宜居城市的基本前提。由于城市艺术设计是一套新的理论，而且又是一套跨学科的理论，它与城市规划、城市设计和建筑设计以及环境设计之间有着千丝万缕的联系。如何规界它们的研究范围、区分它们的概念内涵是编写本教材首先遇到的一个瓶颈，如果不能明确彼此间的关联和区别，后面的研究将无从谈起。即使勉强开展也只能是东拼西凑的城市设计理论大杂烩或亦步亦趋地追随别人、食人余唾，更遑论形成自己系统的理论体系了，这样一来《城市艺术设计》撰写的意义也就荡然无存。幸好得到董雅、严建伟以及袁逸倩等诸位先生的倾情相助，他（她）们关于环境设计、城市规划和建筑设计的概念、内涵、理论体系及其研究方法细致入微地讲述令我茅塞顿开、收获颇丰。在此向三位先生深表谢意！

另外，在本书即将付梓之际，还要感谢天津凤凰空间文化传媒有限公司的孙学良总经理和高雅婷女士。从学缘关系上讲，雅婷女士是我的学妹，我们毕业于同一所大学、同一个专业；孙学良总经理也曾经供职于天津大学。本套教材从前期策划到后期审校，都包含了他（她）们默默的付出和辛勤的汗水。没有他（她）们的努力，这套富有个性和创新的教材可能就是镜中花水中月，难以与读者见面。在此向孙学良总经理、雅婷女士和其他为这套教材无闻奉献的同志表示衷心感谢！

本书的图例部分除主要收录作者最近几年拍摄的资料外，还从同行及国内外有关刊物和网站上精选了部分作品，由于无法向每位提供图片资料的作者当面致谢，在此深表歉意！最后，还要感谢天津美术学院李维立老师为该书封面提供的照片。

城市艺术设计不是一套就艺术论艺术或就设计论设计的狭隘理论，而是一门由人文、艺术、技术等多种学科知识共同构建的一个跨学科理论体系。限于本人的知识结构和学术视野以及写作时间等原因，很多有关城市艺术设计的理论未能详尽阐述，纰漏之处也在所难免，烦请各位同道海涵，并不吝赐教，以便将来进一步补充完善。

岁次甲午新年

陈高明　于天津大学

图书在版编目（CIP）数据

城市艺术设计 / 陈高明著. -- 南京 : 江苏科学技术出版社, 2014.5
全国高等院校艺术设计基础教育创新教材
ISBN 978-7-5537-3104-9

Ⅰ. ①城… Ⅱ. ①陈… Ⅲ. ①城市规划－建筑设计－高等学校－教材 Ⅳ. ①TU984

中国版本图书馆CIP数据核字(2014)第082684号

全国高等院校艺术设计基础教育创新教材
城市艺术设计

著　　者　陈高明
项目策划　凤凰空间/高雅婷
责任编辑　刘屹立
特约编辑　许闻闻

出版发行　凤凰出版传媒股份有限公司
江苏科学技术出版社
出版社地址　南京市湖南路1号A楼，邮编：210009
出版社网址　http://www.pspress.cn
总　经　销　天津凤凰空间文化传媒有限公司
总经销网址　http://www.ifengspace.cn
经　　销　全国新华书店
印　　刷　天津银博印刷技术发展有限公司

开　　本　787 mm×1 092 mm　1/16
印　　张　13
字　　数　262 000
版　　次　2014年5月第1版
印　　次　2014年5月第1次印刷

标准书号　ISBN 978－7－5537－3104－9
定　　价　78.00元

图书如有印装质量问题，可随时向销售部调换（电话：022-87893668）。